JN441155

호모 컨스트럭투스

HOMO CONSTRUCTUS

인문의 언어로 건설을 읽다

호모 컨스트럭투스

인문의 언어로 건설을 읽다

1판 1쇄 발행 2026년 2월 10일

지은이 | 김한수
발행인 | 김병계
발행처 | 도서출판 보문당
등록 | 1990년 6월 5일(제1-1066호)
주소 | 서울시 마포구 토정로 222 한국출판콘텐츠센터 417호
전화 | 02) 704-7025
팩스 | 02) 704-2324
홈페이지 | http;//www.bomoondang.co.kr
전자우편 | bmdpub@naver.com

값 16,000 원

ISBN 978-89-8413-254-2 (03540)

호모 컨스트럭투스

HOMO CONSTRUCTUS

김한수 지음

인문의 언어로 건설을 읽다

普文堂

프롤로그

익숙한 건설을 낯선 언어로 읽다

인류는 지혜로운 종種, 호모 사피엔스Homo Sapiens이면서, 동시에 무엇인가를 끊임없이 '짓는 존재'이기도 합니다. 이 두 본성을 함께 품은 인류를 표현하기 위해 '호모 컨스트럭투스Homo Constructus'라는 새로운 조어造語를 떠올려 보았습니다. 인류가 생존과 번영의 꿈을 포기하지 않는 한, 이 '짓는 본능'은 결코 사라지지 않을 것입니다.

그런데 호모 컨스트럭투스의 산업적 집합체인 건설산업이 지금 위기에 직면해 있습니다. 지난 수십 년간 비록 '롤러코스터'와 같은 기복을 겪었지만, 건설시장은 꾸준히 양적으로 성장해 왔습니다. 그 축적된 시간의 흔적은 도시와 국가를 지탱하는 거대한 구조물 속에 새겨져 있으며, 이는 오늘도 건설산업의 존재감을 증명하고 있습니다. 그럼에도 산업 내부에는 위기감이 팽배하고, 산업적 자존감은 눈에 띄게 낮아졌습니다. 무엇보다 건설산업을 바라보는 사회의 시선이 냉담하다는 사실은 안타깝지만, 부정할 수 없는 현실처럼 느껴집니다.

'무엇이 문제이며, 우리 건설산업은 무엇을 놓치고 있는 것일까요?'

이 책은 이러한 물음에서 출발했습니다. 집필의 직접적인 동기는 산업적·제도적으로 넘기 어려운 벽, '넘사벽'을 여러 차례 마주한 경험이었습니다. 지난 25년 동안 학자로서 건설 관련 정책과 제도를 연구하고 자문하며, 정부 기관과 건설 관련 협회 및 포럼 등과 함께 건설산업의 혁신을 모색해 왔지만, 그 과정에서 이 벽이 생각보다 높고 단단하다는 사실을 절감했습니다. 그 벽은 건설을 바라보는 방식과 사고의 틀에 깊이 새겨진 관성과도 맞닿아 있었습니다. 이 사실을 곱씹을수록 앞선 물음은 더욱 깊어졌고, 결국 건설산업을 바라보는 새로운 차원의 시선이 필요하다는 생각에 이르게 되었습니다.

건설산업에는 여러 층위의 '넘사벽'이 존재합니다. 규제 중심의 행정과 가격에 기울어진 입찰·계약 구조, 기술과 가치의 분리, 신뢰가 흔들리는 현장, 그리고 혁신을 가로막는 문화적 관성은 보이지 않는 거대한 벽을 이루고 있습니다. 법과 제도는 한층 정교해졌지만, 그 정교함은 문제의 반복을 막지 못했고, 안전과 부실에 대한 책임은 강화되었으나 인간 존엄에 대한 깊은 성찰로까지 이어지지 못했습니다. 산업의 문화 또한 새로운 시대정신을 품기보다는 오래된 인식과 관행 속에 머물러 있습니다.

'건설산업이 마주한 '넘사벽'은 어디에서 비롯된 것일까요?'

그 벽은 사유思惟의 높이에서 비롯된 것입니다. 건설산업을 바라보는 내외부 시선과 사유가 충분히 성숙하지 못했기 때문입니다. 기술의 언어, 제도의 언어, 경제의 언어가 오랫동안 건설 담론을 지배해 왔지만, 이 언어들은 주로 '작동 방식'을 설명하는 데 머물렀고, 건설이 무엇을 지향해야 하는지, 왜 문제가 반복되는지, 무엇을 우선해야 하는지에 대한 근원적 질문을 던지지 못했습니다.

사유의 높이가 중요한 이유는 여기에 있습니다. 어떤 제도를 만들고 건설산업이 어떤 선택을 하며 무엇을 우선순위로 둘 것인지는 결국 '어떻게 사고思考하는가'에 의해 결정됩니다. 시선이 머무는 만큼만 세계가 보이고, 사유가 닿는 만큼만 변화의 가능성이 열립니다. 그렇기에 벽을 허문다는 것은 제도만 고쳐서 해결될 수 있는 일이 아니라, 건설을 바라보는 건설산업 내부의 시선과 사회 전체의 인식 지평을 함께 끌어올리는 일입니다.

이 지점에서 인문의 언어가 필요합니다. 인간은 언어를 통해 사유한다고 합니다. 언어는 우리가 어떤 문화를 이루고 어떤 방식으로 세상을 이해하는가에 결정적인 영향을 미칩니다. 그동안 건설산업은 주로 기술의 언어와 제도의 언어로 설명됐습니다. 기술의 언어는 건설 생산의 구조와 기능을 읽어내고, 제도의 언어는 절차와 규범의 질서를 분석할 수 있지만, 두 언어 모두 인간을 둘러싼 의미와 가치의 깊은 맥락을 포착하는 데는 한계를 지닙니다. 반면 인문의 언어는 기술과 제도가 보지 못한 인간·사회·가치의 차원을 드러내며, 문제의 '어떻게'를 넘어 '왜'라는 근원적 질문을 다시 세웁니다. 구조보다 의미를, 절차보다 목적을, 효율보다 존엄을 먼저 생각하게 합니다. 진정한 혁신은 벽을 부수는 데 있지 않고, 그 너머의 세계를 바라볼 수 있는 사유의 공간을 여는 데 있습니다.

그리고 바로 이 지점에서 호모 컨스트럭투스라는 개념이 깊게 연결됩니다. 인간은 본래 '짓는 존재'이며, 단순히 구조물을 만드는 기술적 주체가 아니라 삶의 조건을 짓고, 사회적 관계를 짓고, 미래의 터전을 짓는 존재입니다. 건설산업이 반복된 문제에서 벗어나지 못하는 이유는 기술의 부족 때문이 아니라, 짓는 존재로서의 인간이 가진 시선과 사유의 깊이가 충분히 발현되지 못했기 때문입니다. 호모 컨스트럭투스는 건설을 기술의 영역에서 인간학적·문명론적 차원으로 끌어올리며, 무엇을 짓고 있는지, 그것이 누구의 삶을 어떻게 바꾸는지를 묻는 존재적 관점을 제시합니다.

사유의 높이를 끌어올리는 일, 인문의 언어로 건설을 다시 읽는 일은 인간 내부에 잠재된 호모 컨스트럭투스의 능력을 회복하는 과정입니다. 짓는 존재로서의 인간을 회복할 때 비로소 건설산업의 넘사벽 또한 넘어설 수 있습니다. 결국 건설산업의 넘사벽을 넘는 출발점은 산업과 정부, 그리고 사회가 함께 시선과 사유의 높이를 끌어올리는 데 있으며, 이 책은 그 출발점을 향한 다섯 개의 사유를 모아 담았습니다.

'인문의 언어로 건설을 읽다'는 건설이 늘 곁에 있었지만 깊이 성찰되지 못했다는 반성에서 시작되었습니다. 이제 새로운 시선으로 출발하며, 건설이 인문학의 대상이 될 수 있느냐는 물음을 던졌습니다. 왜 지금에 이 질문이 필요한지 살피고, 추상이 길을 바꾸는 힘이 될 수 있는지를 탐색해 보았습니다. 산업의 언어가 사회와 만나는 지점을 찾아가며, 크기에서 깊이로 옮겨가야 하는 이유도 물었습니다. 이러한 여정 속에서 건설이 열어 갈 수 있는 새로운 대화와 성찰의 가능성을 함께 사유하려고 했습니다.

'건설의 본질을 탐색하다'는 건설이 단순한 기술이나 산업을 넘어 인간 존재의 본질과 맞닿아 있다는 성찰에서 출발했습니다. 건설의 기원을 되짚으며, 인류가 왜 끊임없이 짓는 존재로 살아왔는지를 탐구했습니다. '호모 컨스트럭투스'라는 개념을 통해 인간과 건설의 공존을 살펴보고, 건설의 집단적 본질과 산업의 자아를 상상해 보았습니다. 또한, 건설과 컨스트럭션, 두 언어의 여정을 따라가며 건설산업의 존재 가치가 어디에서 비롯되는지를 성찰했습니다.

'건설산업의 내면을 들여다보다'는 건설산업의 위기가 외부의 비난이 아니라 산업 내부의 사유 부재와 가치 혼란에서 비롯되었다는 인식에서 시작되었습니다. 건설이 없는 사회를 상상하며 산업의 내면에 숨어 있는 상실의 의미를 짚어 보았습니다. 건설의 역할과 가치가 어떻게 변해 왔는지, 사회적 정당성과 윤리의 기준이 어떻게 흔들려 왔는지를 되돌아보았습니다. 보수성과 익숙함 속에 감춰진 산업의 본질을 다시 바라보며, 건설이 자신을 스스로 성찰해야 하는 이유를 사유했습니다. 이 여정은 건설산업의 내면을 이해하는 동시에, 그 본질적 회복의 길을 비추는 사유의 과정이 되고자 했습니다.

'건설산업의 변화를 응시하다'는 지금의 건설산업이 거대한 전환의 문턱에 서 있다는 문제의식에서 출발했습니다. 산업의 위상 변화와 가치 재편의 흐름을 따라가며, 변화를 이끄는 힘과 그 속도를 성찰했습니다. 경계가 허물어지고 산업이 융합되는 시대 속에서 건설이 어떤 역할로 남아야 하는지를 물었습니다. 이미지와 신뢰, 체질 개선과 혁신의 문제를 넘어 변화와 사유가 서로를 자극하며 진화하는 과정을 탐구했습니다. 그 속에서 건설이 다시 사회의 중심으로 나아가기 위해 어떤 방향과 균형을 세워야 하는지를 함께 생각해 보았습니다.

'건설산업의 운명을 사유하다'는 운명이 주어지는 것이 아니라 선택과 성찰로 빚어진다는 믿음에서 시작되었습니다. 건설산업이 맞이한 시대정신의 전환 속에서 그 운명을 어떻게 새롭게 설계할 수 있을지를 사유했습니다. 사양과 쇠퇴의 언어를 넘어 신뢰와 윤리의 토대 위에서 산업이 다시 사회와 호흡할 수 있는 길을 찾고자 했습니다. 건설의 운명을 결정짓는 보이지 않는 힘을 성찰하며, 건설이 단순한 산업을 넘어 문명의 기반이 될 가능성을 탐구했습니다. 이 마지막 여정은 산업의 운명을 끌어올리는 사유의 자리이자, 건설이 미래의 인간과 사회를 비추는 거울이 되고자 했습니다.

이 책은 구체적인 해법[solutions]을 제시하지 않습니다. 해법은 언제나 시대의 요구와 집단의 사유가 함께 빚어내는 결과이지, 한 사람이 미리 규정해 둘 수 있는 결론이 아니기 때문입니다. 제도 개선이나 산업 혁신의 전략을 나열하는 일보다 더 중요한 것은, 그 전략이 어떤 사유의 높이에서 출발하는가를 묻는 일이라고 생각했습니다.

그래서 이 책은 문제를 풀기보다 먼저 바라보는 법을 달리하고, 익숙한 질문을 다시 묻고, 당연하게 여겨온 사고의 틀을 흔들어 보는 데 초점을 두었습니다. 건설과 건설산업을 새로운 관점에서 비추어 보고, 그 의미와 책임을 함께 사유하는 것이 이 책이 지향한 본래의 자리였습니다. 산업 내부에서 시선의 높이와 사유의 깊이가 새로운 기준이 된다면, 해법은 집단지성의 흐름 속에서 스스로 모습을 드러낼 것입니다. 지금 필요한 것은 과거의 사고방식이 만들어낸 해법의 반복이 아니라, 그 너머로 건너갈 수 있는 더 높은 사유의 자리라고 믿었습니다.

이제 독자를 인문의 언어로 건설을 읽는 '낯선' 여정으로 초대합니다. 낯섦은 때때로 익숙함이 가려온 것들을 비로소 드러내 주곤 합니다. 이 작은 낯섦이 오래된 익숙함의 막을 걷어내고, 건설을 바라보는 시선과 사유가 더 먼 곳까지 닿기를 바라는 마음입니다.

2026년 1월
김한수

목차

인문의 언어로
건설을 읽다

건설은 늘 곁에 있었지만 깊이 성찰되지 못했습니다.

이제 새로운 시선으로 출발하며,
건설이 인문학의 대상이 될 수 있느냐는 물음을 던집니다.

왜 지금에 이 질문이 필요한지 살피고,
추상抽象이 길을 바꾸는 힘이 될 수 있는지를 탐색합니다.
산업의 언어가 사회와 만나는 지점을 찾아가며,
크기에서 깊이로 옮겨가야 하는 이유를 묻습니다.

이러한 여정 속에서 우리는 건설이 열어 갈 수 있는
새로운 대화와 성찰의 가능성을 함께 사유思惟하려 합니다.

건설인문학,
새로운 시선의 시작

인문학, 인간을 향한 질문의 역사

'건설인문학'이라는 낯선 용어를 이야기하기 위해서는 먼저 인문학이 무엇인지 생각해 볼 필요가 있습니다. 일반적으로 인문학을 문학, 역사, 철학을 합쳐 '문사철文史哲'이라 부르며 분류하지만, 그것은 어디까지나 겉으로 드러나는 학문적 구분일 뿐만 인문학의 본질을 설명하지는 못합니다. 인문학은 특정 분야에 국한된 지식이 아니라, 인간이라는 존재를 중심에 두고 세계를 바라보며 우리가 어떻게 살아야 하는지를 끊임없이 묻는 사유思惟의 태도라 할 수 있습니다.

인문학이 던져온 질문은 단순한 학문적 호기심의 산물이 아니었습니다. 그것은 인간 존재의 근간을 흔드는 근원적 물음이었습니다. "나는 누구인가?", "어떻게 살아야 하는가?", "우리가 세운 문명은 어디로 향하는가?"와 같은 물음은 시대와 문화를 넘어 인류를 관통하며, 인간을 인간답게 만든 정신적 원천이 되어 왔습니다. 자연과학이 자연 현상의 법칙을 밝히고, 공학이 그것을 삶의 문제 해결에 적용한다면, 인문학은 그 모든 것의 배경에 놓인 의미와 맥락, 그리고 인간에게 어떤 가치를 갖는지를 묻습니다.

언어, 신화, 예술, 상징 등은 모두 인간이 세상을 이해하고 공유하기 위해 만들어낸 정신적 체계입니다. 인문학은 바로 이 체계를 해석하고, 그 속에 담긴 무형의 동기와 인간적 갈망을 파헤치려는 시도입니다. 인간의 삶은 단순히 생존을 넘어섭니다. 살아야 하는 이유를 찾고, 삶에 의미를 부여하는 과정이야말로 인간 존재의 특징입니다. 인문학은 그 여정에서 길을 잃지 않도록 방향을 제시해 온 나침반이라 할 수 있습니다.

이런 맥락에서 인문학은 고대에서 현대에 이르기까지 인간이 자신을 스스로 잃지 않도록 지켜주는 깊은 뿌리와도 같습니다. 플라톤의 대화록이 남긴 질문, 공자의 가르침, 근대 계몽사상의 성찰은 시대는 다르지만 모두 인간다움을 회복하려는 동일한 갈망에서 비롯되었습니다. 우리는 인문학을 통해 과거의 지혜를 배우고, 현재를 비추어 성찰하며, 미래를 준비할 수 있는 힘을 얻습니다.

이 점에서 인문학은 단순히 지식을 쌓는 차원을 넘어섭니다. 그것은 인간과 사회가 길을 잃을 때마다 되돌아가야 할 근본의 뿌리이며, 혼란스러운 시대일수록 더욱 절실히 요구되는 인간성의 기술이라 할 수 있습니다. 결국 인문학은 우리가 무엇을 소유했는지가 아니라, 어떻게 살아야 하는지를 되묻는 인간의 가장 오래된 지적 유산이자 미래를 향한 가장 든든한 토대입니다.

위기의 순간, 쓸모없음이 드러내는 힘

인문학은 종종 '쓸모없다'라는 오해를 받아왔습니다. 눈앞의 문제를 즉각 해결하지 못하고, 경제적 이익을 빠르게 만들어내지 못하기 때문입니다. 당장 성과와 수익을 중시하는 사회에서는 인문학이 비효율적이고 현실과 동떨어진 것으로 보이기도 합니다. 그러나 바로 그 '쓸모없음' 속에야말로 인문학의 힘이 숨어 있습니다. 사회가 흔들릴 때 즉각적 해결책은 한계에 부딪히지만, 더 깊은 의미를 묻는 힘은 새로운 길을 열어줍니다. 실제로 역사를 돌아보면 인문학이 가장 빛난 순간은 언제나 위기의 시기였습니다.

아테네 민주정의 성립과 혼란을 전후해 철학은 한층 심화되었습니다. 소크라테스와 플라톤, 아리스토텔레스의 사유는 단순한 지적 놀이를 넘어, 도시 국가Polis의 정치·사회 변동 속에서 인간과 공동체의 방향을 모색한 성찰이었습니다. 공자는 춘추시대 말기의 혼란 속에서 인간과 사회의 질서를 회복할 길을 제시했으며, 유가儒家 전통은 이후 동아시아 사상과 제도의 중요한 기반이 되었습니다. 오늘날 인공지능이 업무·언어 처리 등 인간 활동의 일부를 대체·보조하는 환경에서 "무엇이 인간을 인간답게 하는가?"라는 물음이 다시 부각되고 있으며, 이는 인문학적 성찰이 여전히 필요하다는 사실을 분명히 보여줍니다. 이처럼 인문학은 안정과 풍요의 시대보다 오히려 위기와 혼돈의 순간에 더 강한 생명력을 드러냈습니다. 인간이 질문을 멈추지 않았기 때문입니다.

인문학은 문제의 즉각적인 해답을 주지는 않습니다. 대신 문제의 뿌리와 구조를 이해하게 하고, 우리가 어떤 선택을 해야 하는지 성찰을 촉구합니다. 인간을 기능이나 도구가 아니라 목적 자체로 바라보게 하며, 삶을 효율과 생산성의 틀에서 벗어나 의미와 존엄의 기준으로 생각하게 합니다. 우리가 사랑을 갈망하고, 슬픔을 견디며, 아름다움에 감동하고, 정의를 찾는 이유는 단순히 실용성으로 설명되지 않습니다. 그러나 이런 경험을 성찰하고 의미를 묻는 사유가 인간을 인간답게 만듭니다.

인문학은 속도를 늦추고 서두르지 않으며, 효율만을 숭배하지 않고 그것을 의심하게 합니다. 정답 대신 질문을 남기고, 빠른 해답 대신 근본적 이해로 이끕니다. 당장은 쓸모없어 보여도 더 넓고 깊은 해석의 출발점을 제공하며, 더 나은 가능성을 열어주는 힘이 됩니다. 인문학이 때로 '실용성' 논란 속에서도 지속되어 온 까닭도 여기에 있습니다. 그것은 늘 위기를 단순한 파괴가 아니라 새로운 의미와 가치를 발견하는 기회로 바꾸어 왔습니다. 이제 그 힘은 오늘날 건설산업의 현실 속에서도 필요한 눈이 됩니다. 산업이 단순한 기술과 효율의 언어를 넘어, 인간과 공동체의 신뢰를 세우는 활동이 될 수 있는지 되묻는 힘 말입니다.

기술과 수치 너머를 읽는 감각

건설을 바라볼 때 우리는 흔히 눈앞의 구조물이나 기술적 완성도, 그리고 수치로 드러나는 규모와 성과를 먼저 떠올립니다. 하지만 건설은 언제나 그 이상의 의미를 품어왔습니다. 건물과 시설, 도시의 인프라는 단순한 결과물이 아니라, 그것을 가능하게 한 사회의 가치와 태도를 반영하는 기록이었습니다. 한 시대가 어떤 가치와 정신을 중시했는지, 어떤 책임을 다하려 했는지가 건설의 흔적 속에 남습니다.

오늘날 건설산업도 마찬가지입니다. 겉으로는 돌과 철, 콘크리트와 유리라는 재료를 다루는 기술적 행위이자, 수주 규모와 실적으로 평가되는 산업처럼 보입니다. 그러나 그 속을 들여다보면 인간의 안전을 지키려는 의지, 공동체의 신뢰를 확보하려는 노력, 자원을 공정하게 쓰려는 책임과 같은 무형의 가치가 함께 작동합니다. 아무리 정교한 기술로 건축물을 세우고, 수치상으로 눈에 띄는 성과를 올린다 해도, 그 과정에서 안전이 경시되고 부실과 윤리 위반이 반복된다면, 단기적인 성과와 별개로 공동체의 신뢰를 훼손하는 결과를 낳을 수 있습니다. 숫자는 커질 수 있지만, 신뢰가 무너진 산업은 결국 지속가능성을 잃게 됩니다.

이 지점에서 인문학은 건설을 단순한 산업 활동이 아니라, 인간의 존재와 사회적 신뢰를 비추는 행위로 다시 바라보게 합니다. 공사비 절감, 효율, 일정 준수와 같은 지표는 물론 중요하지만, 그 뒤에 숨어 있는 더 근본적 기준은 인간 존엄의 보장과 사회적 책임의 이행입니다. 건설산업은 물리적 구조물을 세우는 동시에 사회적 자본을 축적하는 활동이며, 투명성과 책임이 빠진 건설은 결국 자신을 스스로 무너뜨립니다. 단기 성과에만 매달리는 산업은 숫자에서는 성공할지 몰라도, 사회적 신뢰라는 토대를 상실할 위험에 놓입니다.

결국 건설산업의 기술과 수치 너머를 읽는 눈이란, 눈앞의 구조물과 성과에서 산업의 윤리와 책임을 발견하고, 그것을 미래 세대에게 신뢰라는 자산으로 전할 수 있는 감각을 뜻합니다. 이 감각이 있을 때 건설은 단순한 경제적 산출물이 아니라, 인간과 공동체가 함께 세우는 존엄의 집이자 사회적 유산이 됩니다. 건설산업이 진정한 미래를 준비하려면, 수치의 경쟁 논리와 기술의 효율성을 넘어, 사회 전체가 신뢰할 수 있는 가치 위에 서야 합니다. 이러한 관점에서 건설인문학은 건설을 인간과 사회의 존재 방식으로 성찰하고, 그 속에서 존엄·책임·신뢰와 같은 가치를 발견하려는 탐구로 정의될 수 있습니다.

건설인문학, 다시 보는 눈과 새로운 사유思惟

건설인문학은 단순히 건설과 인문학을 병렬로 붙인 이름이 아닙니다. 그것은 인문학적 시선으로 건설산업을 다시 바라보려는 시도이며, 동시에 산업의 실제 모습을 통해 인간과 공동체의 본질을 되묻는 탐구입니다. 지금까지 건설산업은 주로 기술, 제도, 자본, 효율의 언어로 설명됐습니다. 그러나 이 언어만으로는 안전, 신뢰, 존엄, 책임과 같은 더 근본적 가치를 설명하기 어렵습니다. 건설인문학은 이러한 가려진 차원을 인간의 언어로 다시 번역하고, 그 안에서 산업이 지녀야 할 윤리와 공동체의 책임을 찾아내려는 사유의 틀입니다.

오늘날 우리는 많은 것을 지을 수 있는 기술을 충분히 갖추고 있습니다. 그러나 아무리 화려한 건물이 들어서도 그 과정에서 안전이 무시되고, 부실이 반복되며, 투명성이 사라진다면 그것은 산업의 성취가 아니라 실패로 기록될 것입니다. 각종 사건·사고 사례가 보여주듯, 신뢰와 안전·투명성의 부재는 산업 전반의 지속가능성을 위협한다는 점이 거듭 확인되고 있습니다. 산업의 진짜 힘은 규모와 속도가 아니라, 신뢰와 존엄을 지켜내는 태도에서 비롯됩니다.

건설인문학은 이 지점에서 산업의 '거울'이 됩니다. 그것은 건설을 단순한 결과물이 아니라, 인간과 공동체의 존엄을 비추는 과정으로 다시 이해하게 만듭니다. 따라서 건설인문학은 새로운 학문이라기보다 새로운 감각이며, 건설산업을 바라보는 시선의 전환입니다. 기술과 수치의 언어로만 설명되지 않는 인간적 의미를 찾아내고, 그것을 사회적 신뢰와 미래를 향한 책임으로 확장하는 일, 바로 그 사유가 건설인문학입니다. 건설인문학은 산업의 경제적 성과를 부정하지 않으면서도, 그것이 반드시 윤리적 토대 위에서 이루어져야 함을 일깨웁니다. 결국 이 새로운 시선이 있을 때 건설산업은 단순한 물리적 구조물이 아니라, 인간의 존엄과 공동체의 기억을 세우는 의미 있는 행위가 될 수 있습니다.

다시 출발하는 질문, 미래를 짓는 여정

결국 건설인문학은 인간을 중심에 둔 건설의 사유이며, 공동체의 기억과 책임을 함께 짓는 탐색입니다. 그것은 건설을 단순한 구조물이 아니라, 인간의 존재와 존엄, 관계와 신뢰, 그리고 미래를 세우는 행위로 이해하려는 시도입니다. 이 지점에서 건설인문학이라는 새로운 시선의 시작이 의미를 갖습니다. 건설을 바라보는 눈을 바꿀 때 산업은 기술과 수치의 언어에만 갇히지 않고, 인간과 사회의 삶 속에서 재해석될 수 있습니다.

건설산업을 성찰하다 보면 자연스럽게 근본적 물음에 닿게 됩니다. 건설산업은 왜 존재해야 하는가?, 그 책임은 어디까지 미치는가?, 그리고 지금의 시대는 무엇을 요구하는가?. 이 질문은 단순한 사변思辨이 아니라, 산업이 앞으로 나아갈 방향을 가늠하게 하는 나침반이 됩니다. 존재 이유를 묻는 일은, 곧 책임의 방식과 연결되고, 인간을 대하는 태도는 사회와의 공존으로 이어집니다. 그리고 이 모든 성찰은 시대정신이라는 더 큰 맥락 안에서 의미를 갖습니다.

따라서 인문학적 성찰은 건설을 단순한 경제 활동으로 바라보는 시선을 넘어, 그것이 사회적 신뢰와 존엄을 세우는 행위임을 일깨웁니다. 아무리 기술이 앞서고 시장이 커지더라도 그 속에 신뢰와 책임이 빠져 있다면 산업은 지속성을 잃고 공동체로부터 외면받을 수밖에 없습니다.

건설인문학은 이러한 물음을 하나의 흐름으로 엮어내며, 산업과 사회가 스스로의 방향을 돌아보도록 이끕니다. 그것은 어떤 공동체를 만들고, 어떤 미래를 남기고 싶은지를 되묻게 합니다. 결국 건설인문학은 건설이라는 행위를 넘어, 인간다운 삶을 세우고 사회적 신뢰와 존엄을 지키려는 사유의 여정입니다. 이 길이 바로 시작되어야 할 건설인문학의 이야기입니다. 그것은 아직 쓰이지 않은 미래의 서문이자, 어떤 건설산업의 모습을 남길 것인지에 대한 집단적 성찰입니다. 이 성찰이 이어질 때 건설산업은 단순히 구조물을 쌓는 일이 아니라, 인간과 공동체의 삶을 세우는 가장 깊은 행위가 될 것입니다. 이 여정은 산업 전체가 함께 짊어져야 할 과제이며, 동시에 다음 세대에게 물려줄 가장 값진 유산이 될 것입니다.

건설이 인문학의 대상이 될 수 있는가?

건설인문학의 '주소지' 탐색

건설인문학에 대한 담론을 시작하며 가장 먼저 떠오른 질문은 '건설이라는 행위와 건설산업이 과연 인문학의 탐구 주제가 될 수 있는가?'라는 물음이었습니다. 이 질문은 단순히 새로운 학문 영역을 정의하려는 호기심에서 비롯된 것이 아니라, 건설과 건설산업이 지닌 본질적 성격을 다시 묻는 시도였습니다. 건설은 단순한 구조물의 완성과 산업적 성과에 머무르지 않고, 인간의 삶과 공동체 전체에 영향을 미치는 체계이기에 탐구의 무게도 다를 수밖에 없습니다. 그래서 여러 자료를 찾아보고, 학문적 분류와 기존의 논의를 면밀히 살펴보았습니다.

그중 기술인문학과 공학과 인문학의 통합적 논의가 특히 주목할 만했습니다. 이러한 접근은 기술과 인간 그리고 문화의 상호작용을 성찰하며, 공학·기술 활동이 인간의 삶에 미치는 영향과 그 윤리적·사회적 의미를 탐구합니다. 이런 흐름은 건설인문학이 출발할 수 있는 중요한 실마리를 제공합니다. 이 틀 속에서 본다면 건설인문학도 충분히 이들과 접점을 가질 수 있으며, 일정 부분 닮은 결을 지니고 있다는 생각이 들었습니다. 마치 건설인문학의 '주소지'를 찾은 듯했습니다. 그러나 그것만으로는 충분하지 않았습니다. 건설은 단순히 기술이나 공학의 한 분야로 환원하기에는 훨씬 더 복합적이고, 사회적 의미가 큰 활동이기 때문입니다.

그래서 동시에 새로운 도전도 생겼습니다. 그것은 건설이라는 구체적 맥락 속에서 사유를 전개해야 한다는 요구였습니다. 다시 말해, 건설산업이 왜 존재해야 하는가?, 어떤 책임을 지녀야 하는가?, 그리고 사회와 어떤 방식으로 신뢰를 쌓아가야 하는가? 를 묻는 시도가 필요했습니다. 이 질문은 단순한 학문적 호기심을 넘어서 산업의 정체성과 사회적 정당성을 가늠하게 하는 근본적 물음이기도 합니다. 이 점에서 건설인문학은 건설과 건설산업만이 보여줄 수 있는 경험과 맥락을 탐구하는 자리이며, 동시에 사회적 맥락 속에서 건설의 의미를 다시 묻는 자리라고 할 수 있습니다. 결국 건설인문학은 건설이라는 구체적 현실에서 출발하는 성찰의 장으로 자리매김해야 한다는 요구를 담고 있습니다.

건설, 삶과 인문학이 만나는 행위

건설은 인간의 삶을 지탱하는 가장 구체적이고 일상적인 행위입니다. 건물을 짓고 길을 내며 다리를 세우는 일은 단순히 구조물을 만드는 작업이 아니라, 인간이 어떤 방식으로 살아가고자 하는지를 드러내는 삶의 자취입니다. 한 채의 건물은 단순한 건축물이 아니라, 그 안에 거주하는 사람들의 꿈과 기억, 관계와 희망이 스며 있는 공간입니다. 길과 다리는 단순한 이동의 수단이 아니라, 사람과 사람, 지역과 지역을 연결하며 공동체를 확장하는 상징이 됩니다. 이렇게 볼 때 건설은 인간이 세상을 경험하고 의미를 부여하는 가장 물질적이면서도 동시에 가장 정신적인 행위라 할 수 있습니다.

이렇듯 건설은 늘 인간의 생존과 공존을 떠받쳐 왔습니다. 그러나 그 과정은 절대 단순하지 않았습니다. 노동의 땀이 스며들고, 관계의 갈등이 발생하며, 공동체를 세우려는 열망이 충돌과 타협을 거듭했습니다. 한 건축물의 완성 뒤에는 수많은 선택과 고민, 때로는 갈등과 아픔이 켜켜이 쌓여 있습니다. 바로 이 지점에서 건설은 기술이나 자본을 넘어 인간적 의미가 드러나는 장이 됩니다. 건설은 단순한 생산의 결과가 아니라, 인간이 함께 살아가기 위해 감당해 온 긴장과 협력의 기록이기도 합니다.

인문학은 인간이 어떻게 살아야 하는지, 무엇을 소중히 지켜야 하는지를 묻습니다. 그렇다면 건설은 이러한 물음이 가장 구체적으로 드러나는 현장이자 증거입니다. 삶의 터전을 마련하는 과정에서 인간의 존엄과 책임, 기억과 미래가 동시에 각인되기 때문입니다. 건물과 길과 다리, 그리고 도시의 공간은 모두 인간의 선택과 가치관이 물질로 응고된 흔적이라 할 수 있습니다. 따라서 건설은 인문학적 물음이 추상적 차원에 머무르지 않고, 실제 삶의 조건 속에서 확인되는 구체적 실험장이 됩니다.

결국 건설은 단순한 구조물의 완성이 아니라, 인간의 삶을 담아내는 그릇이며 사회적 가치를 구현하는 과정입니다. 그것은 한 시대가 무엇을 중시했는지를 드러내는 집합적 기억이자, 공동체가 자신을 스스로 증명하는 방식입니다. 이 지점에서 건설은 인문학적 성찰이 머물러야 할 중요한 주제가 됩니다. 건설을 이해한다는 것은, 곧 인간의 삶을 이해하는 또 하나의 길이기 때문입니다. 건설 속에 새겨진 흔적을 읽어낼 때, 우리는 과거를 성찰하고 현재를 이해하며, 미래를 준비할 수 있는 힘을 얻게 됩니다.

건설산업, 사회와 인문학이 만나는 무대

건설산업은 흔히 자본과 기술, 효율과 경쟁의 언어로 설명됩니다. 그러나 조금만 더 깊이 들여다보면, 그것은 단순한 산업의 범주에 머물지 않고, 다양한 주체가 얽히고 부딪히는 사회적 무대임을 알 수 있습니다. 정부, 발주자, 설계자, 시공자, 작업자, 시민 등이 각기 다른 입장과 역할을 지니고 모이며, 산업 전체가 거대한 조정의 장이 됩니다.

이 무대에서는 협력과 갈등이 동시에 일어납니다. 제도와 계약은 효율을 요구하지만, 그 속에는 늘 윤리와 책임의 문제가 숨어 있습니다. 때로는 비용과 안전 사이에서, 일정과 품질 사이에서 치열한 선택이 이루어지며 이해관계가 충돌합니다. 도시 재개발이나 대규모 인프라건설처럼 사회적 파급력이 큰 사업일수록, 그 안에는 경제적 계산을 넘어선 사회적 합의와 윤리적 판단이 요구됩니다. 그래서 건설산업은 단순히 경제적 활동을 넘어, 인간과 사회가 서로 맞부딪히는 드라마가 펼쳐지는 무대가 됩니다.

이 무대에서 제기되는 물음은 단순한 실무적 결정을 넘어섭니다. 무엇이 공정한 결정인가?, 책임은 어디까지 나누어져야 하는가? 이러한 물음은 건설산업이 지닌 본질적 과제를 드러내며, 동시에 인문학적 성찰을 요구합니다. 산업이 성장만을 목표로 할 때는 쉽게 간과되지만, 실제로는 공동체 전체의 지속가능성을 가늠하는 물음이기도 합니다. 이 과정에서 건설산업은 단순히 구조물을 세우는 체계가 아니라, 사회 정의와 윤리적 가치가 실제로 시험받는 무대가 됩니다.

건설산업은 제도와 계약만으로 설명되지 않습니다. 그 속에는 사람의 삶이 있고, 공동체의 가치가 있으며, 사회적 신뢰가 얽혀 있습니다. 한 번의 부실한 의사결정은 산업 전체에 대한 불신으로 이어질 수 있습니다. 그러나 신뢰는 단순히 한 번의 투명한 과정으로 회복되지는 않습니다. 일관된 투명성과 책임 있는 태도가 반복될 때만 서서히 회복되고, 공동체가 다시 산업을 신뢰할 수 있는 토대가 마련됩니다.

더 나아가 건설산업은 단순히 오늘의 문제 해결에 머무르지 않고, 미래 세대가 살아갈 환경과 자산을 어떤 방식으로 남길 것인가라는 물음과도 맞닿아 있습니다. 결국 건설산업을 성찰한다는 것은 산업의 이익 구조를 넘어, 공동체가 어떤 삶의 조건을 만들어 가고 또 지켜낼 것인가를 함께 고민하는 일이 됩니다.

건설인문학의 고유한 자리매김

기술인문학이나 공학과 인문학의 통합이 각자의 방식으로 인간과 사회의 의미를 묻듯, 건설인문학은 건설이라는 구체적 맥락에서 출발합니다. 건설은 단순한 기술적 계산이나 산업적 절차에 머물지 않습니다. 그것은 인간의 삶을 담는 공간을 마련하고, 공동체의 질서를 세우며, 사회적 신뢰를 축적하는 복합적 과정입니다. 그래서 건설은 단순히 산업의 하나로 분류될 수 있는 차원을 넘어, 인간 존재의 방식을 구체적으로 드러내는 무대이자, 사회적 가치가 실험되고 시험받는 장場이라고 할 수 있습니다.

따라서 건설인문학은 건설만의 고유한 맥락과 범위에서 출발하는 탐구입니다. 그것은 건설이 지닌 독특한 경험을 토대로 새로운 사유를 전개하려는 시도입니다. 건설은 인간과 사회를 잇는 다리이자, 윤리와 책임이 가장 구체적으로 드러나는 무대이며, 동시에 시대정신을 기록하고 재구성하는 장이 됩니다. 인간의 안전이 경시되면 건설은 존엄을 잃고, 신뢰가 무너지면 산업 전체가 흔들리며, 미래를 고려하지 않는 개발은 공동체의 지속가능성을 위협합니다. 이런 점에서 건설은 언제나 철학적 질문과 사회적 책임이 교차하는 지점에 서 있습니다.

이러한 자리매김은 건설인문학이 다른 인문학 분과와 구별되는 지점을 더욱 분명히 드러냅니다. 문학이 언어를 통해 인간의 내면과 세계를 비추고, 철학이 개념을 통해 존재와 의미를 탐구한다면, 건설인문학은 인간이 실제로 살아가는 삶의 터전과 사회적 공간을 통해 가치와 책임을 묻습니다. 비록 고전적 학문처럼 오래된 전통은 없지만, 건설은 인간의 삶을 가장 직접적이고 가시적으로 드러내는 행위라는 점에서 독자적 자리를 확보합니다.

결국 건설인문학은 건설의 기술적 차원을 넘어, 사회적 책임과 윤리, 그리고 인간의 존엄을 성찰하는 새로운 언어를 만들어 가는 탐구 과정입니다. 그것은 건설을 단순히 산업의 성과로 바라보는 시선을 넘어, 인간과 공동체가 어떤 세상을 함께 남기고 이어갈 것인가라는 더 근본적 물음으로 나아갑니다. 결국 건설인문학은 건설이 지닌 의미와 준비해야 할 미래를 묻는 자리입니다.

건설인문학이 던지는 근본적 질문들

건설인문학이 궁극적으로 지향하는 것은 새로운 학문 체계를 세우는 일이 아닙니다. 그것은 건설을 둘러싼 근본적 물음을 다시 던지고, 그 속에서 건설의 의미를 재발견하려는 시도입니다. 건설은 왜 존재해야 하는가?, 건설산업은 어떤 책임을 감당해야 하는가?, 건설은 인간과 공동체의 존엄을 어떻게 지켜낼 수 있는가?, 그리고 지금의 시대는 건설에 무엇을 요구하는가?. 이 물음은 단순한 호기심이 아니라 건설산업의 정체성과 사회적 정당성을 가늠하게 하는 출발점이며, 공동체가 어떤 삶을 지향하고 어떤 미래를 선택할 것인가를 결정짓는 나침반이 됩니다.

건설의 존재 이유를 묻는 일은 단순히 구조물의 완성을 넘어, 한 시대가 자신을 드러내는 방식을 성찰하게 합니다. 도로와 건물, 도시라는 형태 속에는 시대가 품었던 정신과 공동체가 공유한 가치가 새겨져 있습니다. 책임에 대한 물음은 산업의 성과만으로는 충분하지 않음을 보여줍니다. 안전이 무시되는 순간 존엄은 무너지고, 신뢰가 무너지면 산업 전체가 흔들립니다. 책임은 관리의 문제가 아니라, 건설이 지속되기 위한 조건입니다.

인간과 공동체를 향한 질문은 건설의 의미를 가장 직접적으로 드러냅니다. 건설은 인간의 삶을 담는 공간과 시설을 마련해야 하며, 존엄이 지켜지지 않는다면 그 결과물은 결코 성공할 수 없습니다. 작업자의 안전이 보장되지 않거나 공동체의 목소리가 배제된 개발은 구조물은 남길 수 있어도 의미는 결국 빛이 바래고 맙니다. 건설인문학은 건설이 인간다운 삶을 어떻게 가능하게 하고, 공동체가 함께 살아갈 기반을 어떻게 마련할 것인지를 되묻습니다.

마지막으로 시대의 요구를 살피는 일은 건설의 미래를 가늠하게 합니다. 각 시대는 건설에 다른 과제를 던져왔습니다. 생존의 시대에는 거처가 필요했고, 성장의 시대에는 인프라가 요청되었습니다. 오늘날은 기후위기와 인구 변화, 기술의 전환 속에서 지속가능성과 공공성이 중요한 과제로 떠올랐습니다. 건설이 시대정신과 어긋날 때 산업은 외면받고, 시대와 호흡할 때 비로소 미래의 길을 열 수 있습니다.

이처럼 건설인문학이 던지는 물음은 서로 고립된 차원이 아닙니다. 존재 이유를 성찰하는 일은, 곧 책임의 방식과 연결되고, 책임을 다하는 태도는 인간과 공동체의 존엄으로 이어지며, 이러한 흐름은 다시 시대정신 속에서 의미를 갖습니다. 결국 건설인문학은 산업을 단순한 생산 활동으로 보는 시선을 넘어, 인간다운 삶을 세우고 사회적 신뢰와 존엄을 지켜내려는 사유의 여정을 가능하게 합니다. 이 여정 속에서 건설은 단순히 구조물을 남기는 일이 아니라, 시대와 공동체의 정신을 기록하는 행위로 자리매김할 수 있습니다.

왜 지금,
건설인문학인가?

존재 이유의 위기, 산업이 흔들리다

오늘날 건설산업은 복합적인 위기에 직면해 있습니다. 수주 물량의 감소, 채산성 악화, 공급망 불안, 인력난은 반복적으로 제기되는 문제입니다. 하지만 이러한 경제적·산업적 어려움은 낯설지 않습니다. 1997년 외환위기와 2008년 글로벌 금융위기 때에도 건설산업은 심각한 침체를 겪었습니다. 당시에도 건설산업은 크게 흔들렸지만 결국 회복의 길을 찾았습니다. 그렇다면 왜 이번에는 다르게 느껴질까요?

이유는 단순한 경기침체 때문이 아닙니다. 지금의 위기는 건설산업의 존재 이유 자체를 흔들고 있습니다. 과거 건설산업은 국가 발전의 상징이자 국민 생활의 기반을 세우는 산업으로 여겨졌습니다. 도로, 항만, 댐, 공공주택, 산업단지와 같은 성과는 모두 국가와 사회를 떠받친 물질적 기반이었습니다. 더 많이 짓는 것이, 곧 국가 발전과 직결된다고 여겨지던 시기도 있었습니다. 그러나 시대가 달라진 지금, 사람들은 새로운 질문을 던집니다.

"건설이 정말 우리 삶을 더 풍요롭게 만들고 있는가?"

이 물음은 단순한 불만이 아닙니다. 과거에는 성장과 물량 확대가 사회 전체의 기대와 맞닿아 있었지만, 이제는 그 방식만으로는 설득력이 없습니다. 삶의 질, 안전, 지속가능성, 공존과 같은 가치가 새로운 기준으로 떠올랐기 때문입니다. 건설산업이 사회와 맺어온 암묵적 합의, 즉 '국가 발전을 위한 건설이 곧 국민에게 이롭다'라는 명제는 더 이상 자명하게 받아들여지지 않습니다. 오늘날의 시민들은 건설이 남기는 성과뿐만 아니라, 그 과정에서 드러나는 윤리, 환경, 공동체적 책임까지 함께 평가합니다.

결국 지금의 위기는 산업 내부의 문제가 아니라 사회적 합의의 약화에서 비롯됩니다. 건설이 사회 속에서 어떤 의미를 지니는지, 왜 공동체에 필요한지를 보여주지 못한다면, 아무리 많은 기술적 성과나 경제적 실적을 쌓아도 사회적 지지를 얻을 수 없습니다. 건설산업의 위기는 곧 정당성의 위기이며, 이 지점에서 건설인문학은 산업의 본질을 성찰하게 하는 새로운 틀이 됩니다. 건설인문학은 지금의 위기를 단순히 경제적 침체가 아니라 정당성의 위기로 읽어내며, 산업이 다시금 자신을 설명해야 하는 출발점에 서 있음을 분명히 보여줍니다.

목적을 현실로, 방법과 과정을 책임지다

무엇을, 왜 짓는가는 건설사업의 목적을 규정하는 핵심 질문입니다. 그러나 이 질문에 건설산업이 직접 답하기는 어렵습니다. '무엇을, 왜 짓는가?'는 국가, 발주자, 공동체 등이 정해 산업에 주어지기 때문입니다. 신도시 개발은 균형발전, 주거 수요 충족, 정치적 상징 등 여러 의미가 있을 수 있습니다. 목적은 사회적 합의 속에서 형성되며, 산업이 스스로 결정할 수 있는 영역은 아닙니다.

그렇다고 역할이 줄어드는 것은 아닙니다. 산업은 사회가 정한 목적을 현실로 옮기는 모든 과정을 감당해야 합니다. 이때 중요한 것이 방법·과정·실행입니다. 방법은 자재와 공법, 기술을 선택하는 문제이고, 과정은 안전·공정·품질을 조율하는 절차입니다. 실행은 이를 현실로 드러내는 단계입니다. 따라서 건설산업은 단순한 집행자가 아니라, 과정을 책임지고 결과를 완성하는 주체입니다.

목적은 외부에서 주어지지만, 그것을 어떻게 실현하느냐는 결국 현장의 손끝에서 결정됩니다. 그러나 이 차이는 현장을 넘어 산업 전체로 확장됩니다. 산업의 철학과 태도에 따라 같은 목적도 전혀 다른 결과를 낳습니다. 예를 들어, 도시재생 사업도 속도와 효율만 좇으면 단순한 시설 정비에 머물지만, 공동체의 삶을 존중하는 철학으로 접근하면 행복과 자부심으로 남을 수 있습니다. 결국 건설은 현장에서 구체화 되면서도 산업이 지닌 철학과 태도 속에서 깊이와 방향이 정해집니다.

건설인문학은 이 과정에서 성찰을 요청합니다. 산업이 사회적 목적을 얼마나 깊이 이해하고, 그것을 안전·지속가능성·공존의 가치로 풀어낼 수 있는지를 묻습니다. 주어진 목적을 구현하는 과정에서 존엄과 책임을 중심에 둘 것인가, 아니면 효율과 수익을 앞세울 것인가에 따라 산업의 운명은 달라집니다.

따라서 건설산업이 목적을 현실로 옮기는 과정에 서 있다는 사실은 단순한 역할 규정이 아닙니다. 사회가 부여한 목적을 어떻게 실현하느냐에 따라 산업은 신뢰를 얻을 수도, 불신을 자초할 수도 있습니다. 건설은 결코 중립적 절차가 아니라 사회와 맺는 방식을 드러내는 행위입니다.

건설인문학은 이 지점에서 다시 성찰을 요구합니다. 산업이 목적을 이해하는 데서 멈추지 않고, 그것을 어떤 가치와 태도로 구현할지를 물어야 합니다. 이때 건설산업은 단순한 수행자가 아니라, 사회적 신뢰를 함께 짓는 동반자가 됩니다. 목적을 현실로 옮기고, 방법과 과정을 책임지는 선택이야말로 산업의 미래와 정당성을 결정짓는 분기점이며, 동시에 역사의 무대에 서고 미래를 여는 관문이 됩니다.

수치의 한계, 관계와 기억을 짓다

오늘날 건설은 공정률, 원가율, 수익률과 같은 수치로 설명되는 경우가 많습니다. 그러나 이러한 지표는 산업의 성과를 보여주는 데 필요하지만, 건설의 절반만을 드러낼 뿐입니다. 건설의 진정한 얼굴은 숫자 넘어, 사람과 사람이 만나고 협력하는 과정에서 완성됩니다.

현장의 노동자와 기술자, 발주자와 시공사, 지역 주민과 지방정부, 언론과 여론까지 건설은 언제나 복잡한 관계망 속에서 이루어집니다. 수치로는 드러나지 않는 갈등과 협력, 기대와 좌절, 그리고 축적된 기억이 실제 과정을 이끌어갑니다. 한 아파트 단지는 분양률로 평가되지만, 그곳에서 살아가는 사람들이 느끼는 안전감이나 공동체적 자부심은 통계로 온전히 드러나지 않습니다.

문제는 우리가 이 차원을 설명할 언어를 충분히 갖지 못했다는 점입니다. 숫자는 객관적 지표처럼 보이지만, 그 뒤에는 작업의 긴장과 협력, 책임과 위험이 얽혀 있습니다. 산업이 수치만을 성과로 내세우고 이러한 과정을 간과한다면 건설은 사회의 불신과 냉소를 피하기 어렵습니다. 숫자에 갇히는 순간 성과는 남아도 신뢰는 잃게 됩니다.

건설인문학은 이 공백을 메우려는 시도입니다. 산업을 구조물의 완성이나 경제적 수치로만 평가하지 않고, 그 과정에서 드러나는 건설의 존재 가치와 협력, 그리고 안전과 품질을 지키려는 태도를 함께 읽어내려는 것입니다. 현장의 땀과 위험을 책임지는 노력은 통계로 드러나지 않지만, 건설이 남기는 본질적 흔적입니다.

건설이 남긴 것은 벽과 기둥만이 아닙니다. 그것은 함께 일한 사람들의 노력과 책임, 현장에서 쌓인 시간과 경험입니다. 한 현장의 안전사고는 아픔과 교훈으로, 성공적인 시공은 신뢰와 자부심으로 남습니다. 건설은 이렇게 숫자가 전하지 못하는 흔적을 남깁니다.

오늘날 건설은 단순히 구조물을 세우는 일을 넘어섭니다. 그것은 사회가 요구하는 안전과 품질, 공동체가 기대하는 신뢰와 책임을 드러내는 과정이며, 동시에 산업이 어떤 태도로 임하는지를 보여주는 무대입니다. 건설인문학은 산업이 이 새로운 언어를 배우도록 이끕니다. 숫자가 아니라 과정을 짓고, 성과가 아니라 책임을 세우는 것이야말로 건설산업이 다시 신뢰를 얻는 길임을 말해줍니다.

시대가 전환될 때, 질문이 달라진다

오늘의 건설산업이 직면한 위기는 산업 내부의 문제만이 아닙니다. 기후위기, 인구구조 변화, 지역 소멸, 공동체 붕괴와 같은 흐름은 사회의 기반을 흔들고 있으며, 건설은 그 충격을 직접 받습니다. 지금의 위기는 단순한 수주량이나 인력 부족이 아니라, 시대적 전환과 어긋난 데서 비롯된 근본적 위기입니다.

전환의 시대에는 과거의 해법이 통하지 않습니다. 문제의 성격이 달라졌기에 질문도 바뀌어야 합니다. 과거에는 '어떻게 더 빨리, 더 싸게 지을 것인가?'였다면, 이제는 '어떻게 지속가능하게, 어떻게 안전하게, 어떻게 신뢰를 쌓으며 지을 것인가?'가 되어야 합니다. 질문이 변하지 않으면 답은 낡은 해법에 머물고, 산업은 신뢰를 잃습니다.

이 지점에서 인문학이 다시 소환됩니다. 인문학은 해결책보다 새로운 질문을 던지는 전통을 지니고 있습니다.. 전쟁과 전체주의, 기술문명의 폭주 속에서도 인간의 존엄과 존재의 의미를 물었고, 2차 세계대전 이후 유럽 철학자들이 자유와 존엄을 토대로 사회 질서를 새롭게 구상한 것도 그 연장선입니다. 인문학은 문제를 기술적 과제가 아니라 공동체가 함께 다시 써야 할 이야기로 보았습니다.

건설인문학은 이 전통을 잇습니다. 산업의 언어를 새로 쓰고, 공동체 속에서 건설의 의미를 재구성하려는 시도입니다. 지금의 혼란은 경기침체가 아니, 삶을 지탱하던 구조와 언어가 더 이상 설득력을 갖지 못하기 때문입니다. 건설이 여전히 '양적 성장'과 '효율'의 언어에만 머문다면 사회는 건설을 미래의 동반자로 보지 않을 것입니다. 따라서 산업이 던져야 할 질문은 근본적으로 달라져야 하며,

해답은 기술이 아니라 사유의 깊이에서 나와야 합니다.

건설인문학은 이 전환기에 건설산업이 새롭게 질문하도록 요구합니다.

"건설산업은 어떤 가치를 지향하며, 그것을
어떤 방법과 과정, 그리고 실행을 통해 지어낼 것인가?"

이 물음은 건설의 정체성과 존속 조건을 다시 정의하는 출발점이며, 그 대답에 따라 건설산업의 미래는 달라질 것입니다.

건설, 인문학의 사유로 소통하다

건설의 본질은 분명합니다. 그것은 단순한 구조물이 아니라, 현장에서 축적된 과정과 노력이 사회에 남기는 이야기입니다. 철근과 콘크리트만으로 완성되는 것이 아니라, 안전을 지키려는 태도, 품질을 담보하려는 책임, 협력과 갈등 속에서 드러나는 선택이 함께 새겨집니다. 하나의 공사가 끝나면 눈앞에는 결과물이 남지만, 그 안에는 일한 사람들의 땀과 경험, 그리고 공동체가 얻은 교훈이 담깁니다. 건설은 결국 사회가 다음 세대에 남긴 흔적이며, 산업이 어떤 태도로 임했는지를 말해주는 이야기입니다.

더 많이, 더 빨리 짓는 시대는 이미 막을 내렸습니다. 이제 중요한 것은 안전, 존엄, 신뢰, 지속가능성, 공존과 같은 키워드가 던지는 새로운 질문에 어떻게 응답할 것인가입니다. 건설산업이 이에 답하기 위해서는 기존의 기술적 언어가 아니라 새로운 언어가 필요합니다. 사회가 건설산업에 던지는 질문은 본질적으로 인문학적 질문이며, 이를 기술적 언어로만 답한다면 소통은 불가능합니다. 따라서 건설산업은 인문학적 언어로 답해야 하며, 그러기 위해서는 먼저 그것을 떠받치는 인문학적 사유가 자리 잡아야 합니다.

물론 건설인문학은 당장 수주나 실적을 보장하지 않습니다. 공정표, 실행예산서, 재무제표에 직접 반영되기도 어렵습니다. 그러나 이 느리고 낯선 사유의 언어 없이는 건설산업은 자신을 스스로 설명할 수 없고, 사회도 그것을 지지하지 않을 것입니다. 이제 사회는 단순한 결과만 보지 않습니다. 그 결과가 어떤 과정을 거쳤는지, 그 과정에서 어떤 가치가 지켜졌는지를 함께 묻습니다. 산업이 기술적 해답에 머무르지 않고 더 깊은 질문을 이어갈 때만, 건설산업은 '웰빙well-being' 하며 '장수長壽' 할 수 있습니다.

앞으로 건설산업이 새롭게 확보해야 할 경쟁력은 단순한 기술이나 자본이 아닙니다. 그것은 사회와 공감하며, 스스로의 존재 이유를 이야기로 풀어낼 수 있는 사유의 깊이입니다. 건설산업이 사회와 소통하려면 기존의 기술적 언어만으로는 부족합니다. 새로운 언어가 필요하며, 그 언어는 인문학적 사유 위에서만 만들어질 수 있습니다.

건설은 결과물이 아니라 사회가 다음 세대에 남기는 이야기이기에, 산업은 그 이야기를 읽고 쓰는 능력을 길러야 합니다. 기술과 자본의 시대를 지나, 이제는 질문과 사유의 시대입니다. 지금이야말로 건설산업이 인문학적 사유로 말해야 할 때입니다.

추상, 질문을 바꾸고 길을 여는 힘

추상은 왜 불필요해 보이는가?

추상이란, 눈앞의 구체적 사실이나 사물에서 한 걸음 물러서 그 속에 숨어 있는 공통된 의미와 본질을 드러내려는 시도입니다. 이러한 특성 때문에 추상을 다루는 인문학은 종종 현실과 동떨어져 보이거나 당장 쓸모없는 것처럼 오해되곤 합니다. 특히 결과가 눈으로 확인되고 수치로 증명되어야 하는 영역에서는 인문학과 추상의 가치를 더욱 가볍게 치부하기 쉽습니다.

건설산업의 언어는 언제나 눈에 보이고 손에 잡히는 것에 집중합니다. 철근의 간격이나 공정표의 날짜, 재무제표의 숫자처럼 측정 가능하고 확인할 수 있는 결과가 우선됩니다. 이런 현실 속에서 '정체성', '공공성', '가치'와 같은 말은 멀리 있는 것처럼 느껴져 쉽게 밀려납니다. "지금 당장 성과를 내야 하는데 과연 그런 질문을 할 여유가 있겠는가?"라는 반문이 자연스럽게 따라옵니다. 실제로 산업은 늘 긴장과 압박 속에 놓여 있기에, 추상적 사유는 비현실적

이거나 사치처럼 여겨지기 쉽습니다. 그 결과 "건설산업은 어떤 가치를 지향해야 하는가?"와 같은 물음은 공허하게 들리기 마련이고, 추상은 위기 해결과는 동떨어진 언어로 오해받습니다.

그러나 바로 그래서 추상이 필요합니다. 눈앞의 수치와 결과에만 몰두하다 보면, 산업이 왜 존재하는지, 어디를 향해야 하는지를 쉽게 잊습니다. 추상은 현실을 흐리는 것이 아니라, 현실이 놓치고 외면하는 본질을 다시 묻는 힘입니다. 건설산업이 겪는 위기의 본질은 단순히 경기의 부침이나 제도의 한계가 아니라, 근본을 되묻는 질문의 부재입니다. 추상은 당장 답을 주지는 않지만, 길을 잃지 않게 하는 나침반이 됩니다.

더 나아가, 추상은 현실의 언어가 닿지 못하는 또 다른 영역을 열어줍니다. 수치와 지표가 담아내지 못하는 현장의 현실, 세대를 잇는 안전과 신뢰의 책임, 그리고 삶의 공간이 품은 희망과 상처 같은 차원은 추상을 통해서만 말할 수 있습니다. 눈앞의 결과만 좇는 태도는 마치 거울에 비친 반쪽 얼굴만을 보고 전체를 다 알았다고 착각하는 것과 같습니다. 따라서 추상을 배제하는 태도는 현실을 더욱 분명하게 만드는 것이 아니라, 오히려 그 절반을 지워 버리고 인간과 공동체의 본질적 차원을 가려 버립니다. 현실을 온전히 이해하기 위해서는 구체의 언어와 함께 추상의 언어가 나란히 필요합니다.

추상은 언제나 현실과 함께였다

추상은 현실의 반대말이 아닙니다. 오히려 인류의 문명사는 추상이 어떻게 새로운 현실을 낳아 왔는지를 보여주는 긴 기록입니다. 고대 아테네에서 소크라테스가 "정의란 무엇인가?"를 물었을 때, 그 물음은 단순한 철학적 사변에 머무르지 않았습니다. 그것은 시민들로 하여금 법과 제도를 성찰하게 했고, 후대 서양 정치철학과 민주적 제도 논의의 지적 토대를 마련했습니다. 물음은 추상이었지만, 축적된 사유는 구체적 현실 변화를 뒷받침하는 힘이었습니다.

중세 유럽의 장인들도 다르지 않았습니다. 석공과 목수는 단순한 기술자가 아니라, 신성한 질서를 구현한다는 의식을 품은 장인이었습니다. 그들의 추상은 설계도 속에만 머문 것이 아니라, 수백 년 이어진 성당 건축의 돌과 나무에 새겨졌습니다. 하늘을 향해 솟은 첨탑과 정교한 스테인드글라스는 신성이라는 추상이 구체적 공간으로 구현된 상징적 증거였습니다.

르네상스 시대의 "인간은 무엇인가?"라는 물음도 마찬가지였습니다. 이 질문은 예술과 과학, 정치와 도시계획에까지 파급력을 미쳤습니다. 이러한 추상적 물음이 있었기에 조화와 질서, 비례와 아름다움은 건축과 회화의 원리로 강화되고 체계화될 수 있었습니다. 결국 추상은 현실을 지탱하는 보이지 않는 질서로 기능했습니다.

근대 이후에도 추상은 거대한 전환의 원동력이었습니다. 프랑스 혁명은 '자유, 평등, 박애'라는 표어와 '인간과 시민의 권리' 선언을 내세워 역사의 흐름을 바꾸었고, '노동'과 '자본'이라는 개념은 산업혁명 이후의 사회 질서를 새롭게 재편했습니다. 20세기에는 '인권'과 '평화'가 전후 국제 질서를 재정립했고, 환경 담론은 새로운 국제 규범과 정책 변화를 이끌었습니다. 추상은 언제나 현실을 흔들고, 새로운 질서를 여는 씨앗이었습니다.

오늘날도 상황은 크게 다르지 않습니다. '지속가능성', '회복탄력성', '사회적 가치'와 같은 개념은 더 이상 책 속에 머무는 단어가 아닙니다. 이들은 정책의 기준이 되고, 국제 합의의 잣대가 되며, ESG[Enviroment, Social, Governance]와 같은 기업 경영의 방향을 결정하는 지침이 됩니다. 우리가 매일 이용하는 도시 인프라와 생활 공간조차 추상적 가치 위에서 설계되고 있습니다. 추상은 과거에도 그랬듯 지금, 이 순간에도 여전히 현실을 열어젖히는 힘으로 작동하고 있습니다.

추상이 만들어내는 네 가지 전환의 힘

추상은 단순한 관념이 아니라, 우리가 현실을 바라보는 틀을 새롭게 짜고 세상을 이해하는 뼈대를 다시 세우는 작업입니다. 눈앞의 사실을 넘어 숨어 있는 의미와 방향을 드러내어 행위와 제도를 새롭게 해석하게 만듭니다. 그래서 추상은 공허한 상상이 아니라 현실을 재구성하는 힘으로 작동합니다. 이 힘은 네 가지 전환으로 드러납니다.

첫째는 행위를 가치로 확장하는 힘입니다. 추상은 '무엇을, 어떻게'라는 물음에서 '왜'라는 근본적 질문으로 시선을 옮깁니다. 같은 도로 건설도 단순한 교통 개선에 그치지 않고 공동체를 잇는 이야기로 확장될 수 있습니다. 이는 사회적 신뢰와 자부심을 낳아 산업을 경제 활동을 넘어선 문화적 행위로 만들고, 건설산업이 공공적 책임을 실현하는 산업으로 자리매김하게 하여 위기 속에서도 정당성과 신뢰를 회복하도록 이끕니다.

둘째는 시간과 맥락 속에 행위를 배치하는 힘입니다. 오늘의 실행은 과거의 기억을 품고 미래의 책임을 남깁니다. 추상은 행위를 시간의 흐름 속에 위치시켜 과거와 미래를 잇는 다리가 되며, 산업이 단기적 성과가 아니라 장기적 책임을 감당하도록 이끕니다. 이를 통해 건설산업은 단기 수익 논리를 넘어 지속가능성과 세대 간 책임을 고려하는 산업으로 전환할 수 있습니다.

셋째는 관행을 흔들고 질문을 새롭게 하는 힘입니다. 산업은 규격과 절차로 운영되지만, 그 속에서 근본적 물음을 잊기 쉽습니다. 추상은 "속도는 언제나 선인가?", "효율은 언제나 옳은가?"라는 질문을 던져 관행의 고정성을 흔듭니다. 이를 통해 더 책임 있는 선택이 가능해지고, 안전을 비용으로만 보는 태도나 불합리한 하도급 구조와 같은 문제를 직시·개선하도록 이끌어, 신뢰를 훼손해 온 위기의 뿌리를 완화합니다.

마지막으로, 추상은 기술과 자본의 언어를 사람의 언어로 바꾸는 힘입니다. 수치와 효율로만 설명되는 세계에서 추상은 다시 사람을 불러냅니다. "건설은 누구의 안전을 지탱하고, 누구의 존엄을 보장하는가?"라는 물음은 인간적 의미를 드러내며, 기술과 자본을 인간 중심의 이야기로 번역하게 합니다. 이를 통해 건설산업은 단순한 이윤 추구의 영역이 아니라 사람과 사회를 위한 기반 산업임을 확인할 수 있고, 그 과정에서 산업의 정당성을 회복하며 이미지의 위기 또한 극복할 수 있습니다.

추상이 실행으로 이어지려면

추상이 현실을 움직이는 힘이 되려면 반드시 거쳐야 할 과정이 있습니다. 그것은 바로 이야기와 공감이라는 다리를 건너는 일입니다. 추상이 머릿속 사유에만 머문다면 아무리 깊고 소중한 가치라

해도 사람들의 삶에 스며들지 못합니다. 그러나 이야기를 통해 추상은 구체적 형상을 얻고, 공감을 통해 사람들의 마음속에 뿌리를 내리게 됩니다.

아무리 중요한 가치라도 이야기가 되지 않으면 현실 속에서 힘을 발휘하기 어렵습니다. '지속가능한 인프라'라는 표현은 추상적으로 들리지만, '이 길은 앞으로 20년 동안 아이들이 안전하게 걸을 수 있는 길입니다'라는 설명은 누구나 즉각적으로 이해할 수 있습니다. 이야기는 추상을 삶의 언어로 번역해, 개념을 사람들의 경험 속으로 끌어들이는 힘을 가집니다. 그래서 이야기는 추상에 살을 붙이고 맥박을 불어넣는 장치라고 할 수 있습니다.

공감도 마찬가지입니다. 아무리 정교하게 다듬어진 개념이라도 사람들이 이해하고 마음으로 받아들이지 못하면 실천으로 이어지지 않습니다. '회복탄력성 있는 도시'라는 표현은 전문가의 언어에 가깝지만, '홍수가 나도 짧은 기간 안에 다시 일어설 수 있는 동네'라는 설명은 주민 모두가 자기 삶과 연결 지을 수 있습니다. 추상은 공감의 언어로 번역될 때 현실을 움직이는 힘을 얻습니다. 공감은 단순한 감정의 동요가 아니라, 집단적 행동을 가능하게 하는 에너지입니다.

더 나아가, 이야기와 공감은 단순한 전달 방식이 아니라 사회적 합의를 만들어내는 과정이기도 합니다. 추상이 언어와 감정을 통해 공유될 때, 그것은 개인의 생각을 넘어 공동체 전체의 기준으로 자리 잡습니다. 모두가 같은 이야기를 이해하고 같은 감정을 느낄 때, 추상은 공허한 개념이 아니라 구체적인 방향과 약속이 됩니다. 실행으로 이어지는 힘은 바로 여기에서 비롯됩니다. 결국 추상은 이야기와 공감을 통해서만 현실 속 구체적 실행으로 연결되고, 그 과정에서 산업은 새로운 신뢰와 정당성을 얻게 됩니다.

추상은 무엇을 열고 무엇을 닫는가?

추상은 현실을 흐리게 하는 안개가 아니라, 산업과 공동체의 시야를 넓히는 창입니다. 추상이 있으면 실행은 단순한 절차가 아니라 미래를 설계하고 공동체를 이어주는 행위로 재해석됩니다. 반대로 추상이 사라지면 창은 닫히고, 시야는 눈앞의 수치와 단기 성과에 갇혀 버립니다. 숫자가 전부인 세계는 분명해 보이지만, 현실의 절반을 가린 불완전한 풍경일 뿐입니다.

추상은 정답을 곧바로 주지 않지만, 해답이 나올 길을 열어줍니다. 기술적·경제적 해법만 좇는다면 위기의 해결책은 제한적일 수밖에 없습니다. 그러나 "우리는 무엇을 남기려 하는가?", "산업은 어떤 미래를 준비해야 하는가?"라는 추상적 질문은 닫혀 있던 길을 다시 열고 새로운 가능성을 비칩니다. 길을 열어주는 것은 답변이 아니라 질문이며, 추상은 바로 그 질문을 던지는 힘입니다.

추상의 유무는 세 가지 차원에서 뚜렷한 차이를 드러냅니다. 시야는 추상이 있을 때 넓어져 과거와 미래를 함께 바라보지만, 없으면 단기적 이익에 갇혀 닫힙니다. 대화는 추상이 있을 때 사회적 가치와 책임을 다루며 공동체를 향해 열리지만, 빠지면 계약 조건과 숫자 계산에만 머물러 닫혀 버립니다. 미래는 추상이 있을 때 상상과 준비로 열리지만, 사라지면 현재의 틀 속에 갇혀 새로운 방향을 찾지 못한 채 닫힙니다. 결국 추상은 시야와 대화, 미래라는 세 개의 창을 열기도 하고, 사라질 때는 그것들을 닫히게도 만듭니다.

부실공사는 이 대비를 잘 보여줍니다. 비용 절감과 공정 단축만 좇으면 시야는 닫히고, 대화는 숫자 계산으로 축소되며, 미래는 안전사고와 불신으로 막힙니다. 그러나 '안전은 인간의 존엄을 지탱하는 최소 조건'이라는 추상적 물음을 붙잡을 때, 공사의 의미는 단순한 구조물 완성이 아니라 생명을 지키는 사회적 가치로 열립니다. 추상은 부실의 유혹을 막고, 건설산업이 신뢰를 회복할 수 있는 길을 열어줍니다. 따라서 추상은 위기의 직접적인 기술적 처방은 아니지만, 해법을 위한 토대가 됩니다. 추상이 있으면 산업과 공동체는 닫힌 틀을 벗어나 다시 살아 움직이며, 미래를 여는 선택지를 확보할 수 있습니다. 추상은 멀리 있는 것이 아니라, 오늘의 길을 바꾸고 내일의 가능성을 여는 가장 가까운 힘입니다.

나아가 추상은 산업이 잊어버린 질문을 되살립니다. 경제성, 효율성, 경쟁력과 같은 언어가 지배하는 시대일수록 "산업은 누구를 위해 존재하는가?", "우리가 남길 유산은 무엇인가?"와 같은 근본적 물음은 닫힌 현실을 열어젖히는 열쇠가 됩니다. 추상은 그 질문을 다시 꺼내어, 산업 전체가 공유할 합의를 형성하는 출발점이 됩니다. 이렇게 추상은 닫힌 산업의 지평을 열고, 열린 지평을 지켜내는 가장 근본적 힘입니다. 바로 이러한 힘 때문에 건설인문학 역시 추상의 언어를 통해 건설산업의 본질을 성찰하고, 산업이 지녀야 할 책임과 가치를 다시 세우는 작업을 가능하게 합니다.

건설을 사회와 소통하는 새로운 언어

말은 있었지만, 대화는 이루어지지 않았다

우리말에는 '말이 안 통한다'라는 표현이 있습니다. 이는 단순히 언어가 달라 소통이 막힌다는 뜻을 넘어, 서로의 생각과 감정, 세계관이 닿지 않는 상태를 가리킵니다. 말은 오가지만 이해가 닿지 않을 때 우리는 그것을 불통不通이라 부릅니다. 이러한 상태가 길어지면 오해와 갈등은 깊어지고, 관계는 단절로 이어지기 쉽습니다.

소통은 상대가 이해할 수 있는 언어를 사용하는 데서 시작됩니다. 이 단순한 원리를 외면할 때 역사는 수없이 많은 충돌을 반복해 왔습니다. 16세기 아즈텍 제국과 스페인 정복자의 만남은 자주 거론되는 사례입니다. 일부 기록은 아즈텍 황제 모테수마가 이방인을 신적 존재로 여겼다는 해석을 전하며, 스페인인들 또한 아즈텍의 상징과 의례를 제대로 이해하지 못한 채 '야만'으로 규정했다고 전해집니다. 물론 비극의 근본 원인은 정복자의 탐욕과 권력욕이었지만, 그 욕망은 소통의 단절 속에서 더욱 폭력적으로 드러났습니다.

단어는 오갔으나 의미는 닿지 않았고, 말은 있었으나 대화는 없었습니다. 그 결과는 파괴와 붕괴로 이어졌습니다.

언어는 단순히 소리를 주고받는 수단이 아닙니다. 그것은 세계를 인식하고 이해하는 틀이며, 단어가 같아도 맥락과 배경에 따라 전혀 다른 의미가 됩니다. 누군가를 이해한다는 것은 단어를 해석하는 데 그치지 않고, 그 언어가 품은 감정과 기억, 역사와 세계관까지 함께 받아들이는 일입니다. 그래서 언어는 인간이 세상을 해석하고 서로를 연결하는 중요한 통로가 됩니다.

언어는 공동체를 형성하는 힘이기도 합니다. 언어는 기억을 보존하고 미래의 약속을 전하며, 서로 다른 삶을 이어주는 다리가 됩니다. 반대로 언어가 어긋날 때 오해와 갈등은 피할 수 없었습니다. 말은 오가지만 의미가 닿지 않을 때, 그 틈새를 메우는 것은 불신과 단절이었습니다.

이 이야기 속에서 오늘날 건설산업의 현실이 겹쳐 보입니다. 건설은 분명히 사회를 위한 활동이지만, 사회와의 대화는 자주 빗나갔습니다. 설계도와 수치, 공정표와 계약서 등의 '건설어'는 넘쳐나지만, 그것이 사람들의 삶과 공동체에 어떤 의미를 지니는지 묻는 '사회공동체의 언어'는 부족했습니다. 결국 건설의 언어가 사회공동체의 언어를 품지 못할 때, 산업은 스스로의 존재 이유를 충분히 설명하기 어렵습니다.

'건설어'라는 울타리

건설은 오랫동안 자신만의 언어로 세상을 설명해 왔습니다. 콘크리트 배합비, 강도 수치, 인장력과 같은 기술적 용어에서부터 공기 단축, 원가 절감과 같은 관리적 표현까지, 모두 정밀하고 체계적인 언어였습니다. 기술적 언어는 품질과 안전을 지탱하는 근간이 되었고, 관리적 언어는 효율과 성과를 조율하는 도구가 되었습니다. 그러나 이러한 언어는 종종 건설 밖의 세계와 연결되지 못했습니다. 사회의 감정과 삶의 의미를 담아내지 못했기 때문입니다. 효율과 성과에 집중하는 동안 사람들은 건설을 단순한 구조물의 집합으로만 인식하게 되었고, 그 결과 건설은 삶을 지탱하는 기반임에도 불구하고 사회적 신뢰와 공감의 언어로는 설명되지 못한 채 거리를 두게 되었습니다.

건설투자 확대는 단적인 예가 될 수 있습니다. 산업은 '경제성장 기여', '일자리 창출'과 같은 지표로 자신을 설명하지만, 시민들은 "삶의 질이 나아지는가?", "환경과 안전은 지켜지는가?"라고 묻습니다. 하나의 상황을 두고도 산업은 경제의 언어로, 시민은 삶의 언어로 해석합니다. 수치는 풍부하지만, 공감은 부족하고, 이 간극은 곧 신뢰의 간극으로 이어집니다. 건설어가 사회공동체의 언어로 확장되지 않을 때, 건설은 투자 효과를 설명하는 데는 능숙하지만, 삶을 어루만지는 말에는 서툽니다.

중요한 지점은, 건설의 역할이 커지고 기술이 정교해질수록 정작 사회가 그 의미를 체감하지 못한다는 사실입니다. 이는 건설이 여전히 건설어의 울타리 안에 머물러 있기 때문입니다. 기술과 산업의 언어는 넘쳤지만, 사회공동체의 언어는 부족했습니다. 이에 따라 성과가 드러나도 신뢰와 공감은 충분히 따라오지 못했습니다.

이 괴리는 역사적 맥락과도 맞닿아 있습니다. 근대 이후 많은 나라에서 건설은 '얼마나 빨리, 얼마나 크게, 얼마나 효율적으로'라는 물음에 답하며 성장했고, 국가 발전의 상징으로 자리했습니다. 그러나 그 과정에서 언어는 점차 전문화되었고, 사회와의 대화보다는 내부 지표와 성과에 집중하게 되었습니다.

결국 건설이 사회적 의미를 전하지 못한 것은 단순한 소통의 부재가 아니라 언어 선택의 결과였습니다. 산업이 기술과 성과의 언어를 택했을 때 효율의 세계는 커졌지만, 사람과 사회의 언어는 약해졌습니다. 성과는 쌓였으나 산업은 여전히 '말이 통하지 않는' 모습으로 남게 되었습니다.

사회공동체의 언어를 품다

건설은 오랫동안 기술과 성과의 언어인 '건설어'에 갇혀 사회와 거리를 두어 왔습니다. 그러나 이제 필요한 것은 '사회공동체적 건설어'로써의 확장입니다. 이는 건설을 단순히 구조물이나 경제 지표로 환원하지 않고, 한 사회의 가치와 시대정신, 그리고 미래를 짓는 과정으로 드러나게 합니다. 이러한 언어가 마련될 때 건설은 산업을 넘어 공동체의 삶과 공감 속에서 새롭게 자리매김할 수 있습니다.

언어는 단순한 표현이 아니라 사고의 틀을 규정하며, 우리가 세상을 어떻게 해석할지를 결정합니다. 인간은 언어가 허락하는 범위 안에서만 세상을 본다는 말이 있습니다. 언어는 세계를 여는 창이면서 동시에 세계를 가리는 벽이 되기도 합니다.

이 통찰은 건설에도 적용됩니다. 사회가 공감할 언어를 갖추지 못한다면 산업은 성과를 내도 신뢰를 얻지 못합니다. '하자율을 줄였다'라는 수치보다 '이 건물은 입주민이 안심하고 거주할 수 있도록 설계되었다'라는 이야기가, 'SOC가 부족하다'라는 행정적 표현보다 '아이들이 안전한 보행로 없이 학교에 가고 있다'라는 장면이 더 큰 울림을 주는 것도 이 때문입니다.

건설어가 사회공동체의 언어를 담는다는 것은 단순한 확장이 아니라 깊어짐입니다. 효율과 경제성을 강조하던 설명이 안전과 존엄, 행복과 신뢰를 말하는 이야기로 바뀌고, "무엇을 지었는가?"라는 질문이 "어떤 삶을 가능하게 했는가?"라는 물음으로 변모하는 과정입니다.

이 지점에서 건설의 이야기는 달라집니다. 건물과 도로는 단순한 구조물이 아니라 안전한 일상과 존엄한 삶을 가능하게 하는 약속으로 읽히고, 구조물은 공동체의 가치와 시대정신을 담는 그릇이 됩니다. 사회가 이해할 수 있는 언어로 건설을 말할 때, 산업은 경제적 행위를 넘어 공존과 미래를 설계하는 사회적 실천이 됩니다.

이 전환은 단순한 말의 변화가 아니라 산업의 존재 이유를 새롭게 정의하는 일입니다. 건설이 사회공동체의 언어를 품을 때, 산업은 공학적 성취를 넘어 사회적 약속과 책임으로 자리 잡습니다. 그 안에서 사람들은 자기 삶이 존중받는다는 감각을 얻고, 이러한 공감은 신뢰로 이어집니다. 작은 언어의 변화가 산업의 본질을 다시 세우는 출발점이 됩니다.

건설인문학, 언어의 통역자

건설이 사회공동체의 언어를 품을 때 산업의 이야기는 달라집니다. 하지만 여전히 과제가 남아 있습니다. 건설 내부에서 익숙한 언어가 곧장 사회와 공유되는 언어가 되기는 어렵기 때문입니다.

설계도와 수치, 법규와 계약의 언어는 전문성을 지니지만 시민에게는 낯설고 멀게 다가옵니다. 이 간극을 메우는 일이 필요합니다.

건설인문학은 이 '언어의 통역자'의 역할을 할 수 있습니다. 건설어를 사회공동체의 언어로, 기술의 문장을 삶의 이야기로 확장하는 작업입니다. 강도와 하중, 경제성과 효율성으로 표현된 건설의 세계를 존엄과 안전, 신뢰와 책임의 언어로 바꾸는 일입니다. 기술을 부정하지 않으면서도 의미와 맥락을 덧입혀 사회와 연결하는 통로를 여는 것이 목적입니다.

건설인문학이 통역자가 될 수 있는 이유는 공학적 지식과 사회적 성찰을 함께 품고 있기 때문입니다. 건설은 구조물이면서 동시에 인간의 삶을 담는 그릇입니다. 기술의 언어가 다 담지 못하는 기억과 문화, 공동체의 가치를 읽어내고, 이를 산업의 언어와 연결하는 힘이 인문학에 있습니다. 다시 말해, 건설인문학은 기술과 사회, 산업과 공동체를 잇는 '이중의 시선'을 지녔기에 통역자가 될 수 있습니다.

이 통역은 단순한 번역이 아니라 해석입니다. 도면이 담지 못하는 기대와 불안을 드러내고, 숫자가 설명하지 못하는 공동체의 가치를 해석하는 행위입니다. 기술적 언어에서 인간적 언어로 다리를 놓을 때 건설은 단순한 구조물이 아니라 사회적 합의와 공동체적 약속의 상징으로 다시 읽힙니다.

기술적 정확성과 경제적 효율만으로는 사회적 정당성을 얻기 어렵습니다. 사회가 묻는 것은 "어떤 삶을 가능하게 하는가?", "그 과정은 정당했는가?"라는 질문입니다. 전자는 건설이 안전·존엄·행복을 보장하는가를, 후자는 투명성과 책임, 공정한 절차 속에서 이루어졌는가를 묻습니다. 산업은 이 질문 앞에서만 정당성을 가질 수 있습니다. 건설인문학은 도면의 언어를 넘어 삶과 가치의 언어로 건설을 해석하고, 산업과 사회의 소통을 열고자 합니다.

결국 건설인문학은 단순한 해석이 아니라 새로운 목소리입니다. 기술의 성취를 사회적 의미로, 수치의 언어를 신뢰와 존엄의 이야기로 바꾸어 전달하는 것, 그것이 건설인문학의 자리입니다. 이때 건설산업은 더 이상 사회와 불통하는 존재가 아니라, 공동체와 대화하는 살아 있는 목소리로 거듭날 수 있습니다.

언어에서 소통으로, 소통에서 신뢰로

사람들은 수치를 오래 기억하지 않습니다. 지하철 노선의 길이나 공사 기간과 같은 숫자는 곧 잊히지만, 새로 개통된 지하철을 타고 출근 시간이 단축된 시민의 이야기는 오래도록 남습니다. 이야기가 기억되고, 기억은 공동체의 정서를 형성합니다. 이것이 언어가 단순한 기록을 넘어 소통으로 바뀌는 순간입니다.

건설의 성과가 삶과 연결될 때, 수치가 담지 못한 감정과 맥락이 언어를 통해 드러납니다. “이 구조물은 누구를 위한 것인가?”, “이 시설은 어떻게 삶을 편리하고 안전하게 했는가?”라는 물음은 건설의 의미를 기술적 수치에서 생활의 이야기로 바꿉니다. 그렇게 번역된 언어는 사회 속에 스며들어, 기능의 설명이 공감의 이야기로, 산업의 성과가 공동체의 기억으로 자리하게 됩니다.

이때 소통은 신뢰로 이어집니다. 사람들은 설계가 정밀하기 때문만이 아니라, 그것이 왜 필요한지를, 누구를 위한 것인지를 알 때 비로소 믿습니다. 신뢰는 기술이나 수치만으로는 세워지지 않습니다. 그것은 공감에서 비롯되고, 공감은 이해할 수 있는 언어로 전해질 때 시작됩니다. 건설이 사회공동체의 언어로 이야기될 때, 산업은 자기만의 논리에 머무르지 않고 사회와 대화하는 책임 있는 주체가 됩니다.

건설인문학은 신뢰 회복의 도구입니다. 기술을 단순히 해석하는 데 그치지 않고, 사회가 공감할 수 있는 이야기로 바꿉니다. 성취를 존중하면서 삶의 의미를 덧입히고, 수치를 넘어 기억과 공동체적 약속으로 이끄는 언어를 마련합니다. 결국 산업과 사회 사이에 새로운 언어를 제공해 소통을 열고 신뢰를 세웁니다.

말은 구조물을 세우지 않지만, 신뢰를 세웁니다. 신뢰 위에서 세워진 구조물은 단순한 시설이 아니라 공동체의 약속이 됩니다. 그 약속을 사회와 나누고 공감 속에서 지켜내는 길, 그것이 건설인문학이 열고자 하는 길입니다. 건설인문학은 산업이 사회와 함께 새로운 언어를 배우고 말하게 하며, 그 언어는 다시 신뢰와 존엄, 그리고 미래를 세우는 힘이 됩니다. 건설산업이 반드시 익혀야 할 언어가 바로 이것입니다.

크기에서 깊이의 산업으로

크기는 눈에 띄지만 깊이는 남는다

건설산업은 오랫동안 크기로 자신을 증명해 왔습니다. 초고층 빌딩, 신도시 개발, 대형 댐과 고속도로는 국가의 역량을 드러내는 상징이었고, 사회는 그것을 발전의 증거로 받아들였습니다. 크기는 눈에 잘 띄고 곧바로 수치로 환산됩니다. 몇 층 규모인지, 몇 킬로미터 길이인지, 몇조 원이 투입되었는지는 성취의 표식이 되었고, 공동체의 자부심을 자극했습니다. 크기는 즉각적인 감탄과 외형적 화려함을 남겼습니다. 그러나 감탄은 순간적이고, 화려함은 쉽게 퇴색한다는 점에서 한계를 안고 있었습니다.

그러나 건설산업이 크기를 추구했던 이유는 단순한 과시가 아니었습니다. 한국전쟁 이후 경제성장을 이끌어야 했던 시기, 국토 재건과 인프라 확충이 절실했던 시대에는 크기와 속도가 곧 생존의 조건이었습니다. 산업은 국가와 공동체의 요청에 응답하며 노동력과 기술을 집중했고, 그 결과 항만·도로·주거 단지 등 주요 기반 시설이 빠르게 확충되었습니다. 그것들은 단순한 구조물이 아니라 더 나은 삶을 향한 사회 전체의 염원을 담은 성취였습니다. 크기는 분명 시대적 요청에 대한 응답이었고, 사회 발전의 출발점이 되었습니다. 동시에 크기는 공동체가 자신감을 회복하고 미래를 향해 나아갈 수 있는 상징적 힘이 되기도 했습니다.

하지만 오늘날의 시선은 달라졌습니다. 웅장한 외형만으로는 감동이 오래 가지 않습니다. 사람들은 이제 그 건설이 어떤 삶을 가능하게 했는지, 그리고 그 과정에서 무엇을 지켜냈는지를 묻습니다. 깊이는 눈앞의 화려함이 아니라 삶의 질, 존엄, 공존, 미래 세대를 향한 책임에서 드러나며, 동시에 정직한 시공, 안전을 위한 세심한 배려, 투명한 절차, 소통과 같은 과정에서도 쌓입니다. 과정과 결과가 어우러져야만 비로소 건설은 신뢰를 얻습니다. 아무리 거대한 성과라도 이러한 깊이가 부족하다면 존중받기 어렵습니다.

결국 크기는 눈을 사로잡지만, 깊이는 마음에 남습니다. 크기는 찰나의 환호를 불러오지만, 깊이는 시간이 흐를수록 공동체의 기억 속에서 단단해집니다. 화려한 외형은 세월과 함께 바래지만, 존중과 신뢰로 쌓인 깊이는 오히려 더 선명해집니다. 건설산업이 남겨야 할 진짜 흔적은 기록된 숫자가 아니라, 세대를 거쳐 살아남는 삶의 이야기 속 깊이일 것입니다. 그 이야기 속 깊이는 산업의 존재 이유를 증명하고, 다음 세대가 다시 미래를 세울 수 있는 토대가 됩니다.

크기의 한계, 깊이의 요청

과거의 크기는 절박한 시대적 요청에 대한 해답이었지만, 그것이 영원한 기준이 될 수는 없습니다. 경제성장기의 크기는 분명히 사회를 끌어올렸지만 동시에 그림자도 남겼습니다. 대규모 개발은 자연환경을 훼손했고, 익숙한 공동체의 삶을 해체했습니다. 효율과 속도를 앞세우는 과정에서는 안전과 존엄이 뒷전으로 밀려났습니다. 성장이라는 이름으로 사회는 도약했지만, 그 안에 균열과 상처도 함께 쌓였습니다. 크기는 빛과 그림자를 동시에 남겼고, 시간이 흐르며 그 이면은 더욱 뚜렷해졌습니다.

이제 사회가 던지는 질문은 달라졌습니다. "이 건설이 얼마나 큰가?"가 아니라 "이 건설이 우리의 삶을 어떻게 바꾸는가?", "환경과 안전은 존중되었는가?", "공동체에 어떤 의미를 남겼는가?"라는 물음이 앞섭니다. 과거의 크기는 국가적 성취로 읽혔지만, 지금은 삶의 질과 책임이 기준이 됩니다. 산업은 여전히 경제성, 일자리, 성장 기여를 내세우지만, 시민들은 경험과 가치, 감정의 언어를 원합니다. 이 간극은 곧 신뢰의 균열로 이어졌고, 산업의 존재 이유를 다시 묻게 했습니다.

산업은 오랫동안 사회가 요구한 "얼마나 크고 빠르게 지을 수 있는가?"라는 기대에 응답해 왔습니다. 그것은 시대의 요청이었고, 산업은 그에 충실히 응답하며 국가적 성취를 만들어냈습니다. 그러나 오늘날 사회의 물음은 달라졌습니다. 이제 사람들은 "얼마나 존중하며 짓고 있는가?"를 묻습니다. 과거에는 외부의 질문에 응답하는 것만으로 충분했지만, 이제는 산업 스스로 "어떤 가치를 지키며 지어야 하는가?"라는 근본적 물음을 던져야 합니다.

두 물음이 어긋나는 순간, 성과는 남아도 신뢰는 쌓이지 않습니다. 사회는 크기의 결과보다 과정의 진실성과 존중을 더 크게 평가

합니다. 결국 깊이 없는 성과는 오래가지 못하고, 산업이 성찰의 질문을 품을 때에만 지속의 힘을 얻을 수 있습니다.

따라서 건설산업이 넘어야 할 경계는 분명합니다. 크기의 논리를 고수하는 한 산업은 성과를 내면서도 사회적 정당성을 잃습니다. 반대로 깊이의 요청에 응답하는 순간, 건설은 단순한 구조물이 아니라 공동체의 안전과 존엄, 신뢰와 공존을 지탱하는 기반이 됩니다. 크기가 과거의 언어였다면, 깊이는 오늘과 내일의 언어입니다. 바로 그 지점에서 산업은 새로운 길을 모색해야 하며, 그것이 미래 세대와 함께 설 수 있는 유일한 조건이 됩니다. 깊이는 선택지가 아니라, 산업의 생존과 존중을 가르는 기준입니다.

깊이가 산업을 단단하게 한다

깊이는 건설산업이 지속성을 확보할 수 있는 기초입니다. 눈에 잘 드러나지 않지만, 그것이 빠지면 산업 전체는 쉽게 흔들립니다. 나무가 깊은 뿌리를 내려야 폭풍에도 쓰러지지 않듯, 산업도 깊이를 통해 흔들림 없는 기반을 갖습니다. 크기의 성취가 순간의 박수를 받는다면, 깊이는 세월의 풍파를 견디며 산업을 지탱하는 힘이 됩니다. 단순히 외형적 결과물이 아니라, 그 안에 담긴 과정과 책임이 뿌리가 되어야만 산업은 오래 살아남을 수 있습니다.

깊이는 안전을 단순히 법규 준수로 이해하지 않고, 인간 존엄을 지키는 약속으로 바라보게 합니다. 또한, 효율을 단기적 비용 절감의 수단이 아니라 미래 세대를 위한 책임 있는 선택으로 해석하게 합니다. 깊이가 없는 산업은 당장은 성과를 낼 수 있으나, 곧 신뢰를 잃고 기반이 흔들립니다. 반대로 깊이는 산업의 시선을 현재에서 미래로, 성과에서 책임으로 확장시킵니다. 산업이 깊이를 갖추는 순간, 결과물은 단순한 시설을 넘어 사회적 의미를 품은 약속으로 남습니다. 그 약속은 공동체와 함께 기억되고, 시간이 흐를수록 더욱 선명해집니다.

무엇보다 깊이는 산업과 사회의 소통을 가능하게 합니다. 도면과 수치만으로는 닿을 수 없는 공감과 신뢰는 공동체의 경험을 존중하는 태도에서 비롯됩니다. 건설 현장의 안전 관리, 공사의 투명한 절차, 주민과의 성실한 대화는 모두 깊이를 드러내는 방식입니다. 이처럼 과정에서 쌓인 신뢰가 곧 결과물의 무게가 됩니다. 작은 마을 도서관이라도 정직한 시공과 주민의 삶을 존중하는 과정의 깊이가 담기면 환영받지만, 수천억 원 규모의 대형 프로젝트라 해도 절차적 정당성·안전·소통의 깊이가 부족하면 비판을 받습니다.

따라서 깊이는 산업의 성패를 가르는 결정적 기준입니다. 그것은 산업을 무겁게 만드는 짐이 아니라, 오히려 단단히 세우는 토대입니다. 과정에서 형성된 깊이는 결과물에 신뢰를 더하고, 결과물에 담긴 깊이는 다시 사회와 미래를 연결합니다. 깊이가 있을 때 건설은 단순히 외형을 남기는 데 그치지 않고, 공동체와 함께 신뢰를 축적하며 미래를 준비합니다. 이는 산업이 생존을 넘어 존중을 얻는 길이며, 다음 세대가 안심하고 그 기반 위에서 새로운 가능성을 펼칠 수 있도록 하는 힘입니다. 결국 깊이는 산업의 뿌리이자, 사회와 함께 살아가는 건설의 조건입니다.

건설인문학, 깊이를 여는 도구

그러나 깊이는 저절로 확보되지 않습니다. 산업 내부의 언어는 여전히 도면과 수치, 효율과 성과에 머물러 있습니다. 이 언어는 정밀하고 객관적이지만, 사회적 공감으로 이어지지 못합니다. 안전과 품질을 설명하기에는 충분해도, 그것이 공동체의 기억과 삶에 어떤 의미를 지니는지는 말해주지 못합니다. 따라서 깊이를 확보하기 위해서는 기술적 언어를 넘어서는 새로운 해석과 통역이 필요합니다. 바로 이 지점에서 건설인문학이 중요한 역할을 담당합니다.

건설인문학은 크기의 언어를 깊이의 언어로 바꾸어 줍니다. 기술적 성취를 사회가 공감할 수 있는 이야기로 번역하고, 수치를 공동체의 약속으로 해석합니다. "공기를 단축했다"라는 표현은 산업 내부의 언어이지만, "이 건물은 안전한 절차를 지키며 완성되었다"라는 말은 사회공동체의 언어입니다. 건설인문학은 이 두 세계를 이어주는 다리이며, 성과를 숫자에서 기억으로, 기술에서 약속으로 전환시킵니다.

또한, 건설인문학은 산업에 이중의 시선을 제공합니다. 하나는 기술과 효율의 언어를 존중하면서, 다른 하나는 그것을 사회와 삶의 차원에서 해석하는 시선입니다. 이중의 시선이 있을 때 비로소 과정은 절차를 넘어 신뢰가 되고, 결과물은 구조를 넘어 기억됩니다. 산업이 성과만을 바라볼 때는 크기에 머무르지만, 과정을 성찰하고 사회와의 관계를 돌아볼 때는 깊이에 도달할 수 있습니다.

건설인문학은 산업이 자신을 스스로 성찰하고, 사회와 함께 미래를 모색하도록 안내하는 도구입니다. 과거의 성과를 해석하는 데 그치지 않고, 앞으로 어떤 건설이 공동체의 행복을 담아낼 수 있을지를 묻습니다. 이는 건설을 단순한 산업 활동이 아니라 과정과 결과가 함께 빚어내는 사회적 기억으로 재정의하는 일입니다. 도시

재생에서 주민의 목소리를 반영하고, 공공시설 설계에서 참여와 대화를 끌어내는 것도 건설인문학적 실천의 모습입니다. 이렇게 쌓인 과정의 깊이가 곧 결과의 무게가 됩니다.

깊이에서 미래를 세우다

깊이는 곧 지속입니다. 크기는 눈부신 순간을 남기지만, 깊이는 세대를 이어가는 기억을 만듭니다. 크기의 산업은 빠른 성장을 가능하게 했지만, 깊이의 산업만이 신뢰와 존엄 위에서 미래를 세울 수 있습니다. 건설이 깊이를 품을 때, 구조물은 단순한 시설을 넘어 공동체의 약속이 되고, 산업은 성과가 아니라 사회적 책임의 주체로 자리합니다.

깊이는 건설을 시대정신과 연결합니다. 오늘날의 시대정신은 단순한 성장과 효율이 아니라, 지속가능성과 공공성, 투명성과 책임을 요구합니다. 기후위기, 인구 변화, 안전에 대한 사회적 요구는 산업에 "얼마나 크게 지었는가?"가 아니라 "얼마나 책임 있게 지었는가?"를 묻습니다. 이 질문은 크기뿐만 아니라 과정에서 무엇을 지켜냈는가를 되묻습니다. 깊이가 없는 성과는 쉽게 사라지지만, 깊이가 있는 성취는 공동체의 기억 속에 뿌리내려 미래로 이어집니다.

투명한 절차, 공정한 계약, 안전을 우선하는 태도, 주민과의 소통은 모두 깊이를 형성하는 과정입니다. 과정이 충실할 때 결과물은 존중받고 세월이 흘러도 의미를 잃지 않습니다. 반대로 과정이 부실하면 아무리 거대한 성과도 금세 퇴색합니다. 이 지점에서 건설인문학은 전환의 열쇠가 됩니다. 건설인문학은 기술과 사회, 성과와 가치, 산업과 공동체를 잇는 사유의 틀로서, 크기의 궤적을 넘어 깊이의 지평으로 이끕니다. 기술의 언어가 삶의 언어로 번역될 때 산업은 사회와 대화하며 신뢰를 회복할 수 있습니다.

결국 건설산업이 남겨야 할 것은 기록이 아니라 기억입니다. 기록은 숫자로 남지만, 기억은 세대를 이어가며 공동체의 삶을 지탱합니다. 크기는 순간의 과시를 보여주지만, 깊이는 산업이 왜 존재해야 하는지를 증명합니다. 깊이는 책임의 다른 이름이며, 존중과 신뢰로 쌓일 때만 미래를 준비할 힘이 됩니다. 크기에서 깊이로 옮겨가는 길 위에서만 산업은 정당성을 확보하고, 미래 세대와 함께 설 수 있습니다. 남겨야 할 유산은 구조물이 아니라, 그 속에 깃든 기억과 책임의 깊이입니다. 바로 그 위에서 건설은 미래를 세우는 힘이 됩니다.

그리고 이제 우리는 시선을 넓혀야 합니다. 건설을 단순한 산업의 차원을 넘어, 인류의 삶과 문명을 지탱해 온 본질적 행위로 바라볼 때 비로소 더 깊은 이해에 다가설 수 있습니다. 다음 장에서는 건설의 기원과 의미를 되짚으며, 인간과 공동체를 형성해 온 건설의 본질을 살펴보고자 합니다.

건설인문학,
새로운 가능성을 열다

건설은 늘 눈앞에 있었지만, 충분히 성찰되지는 못했습니다. 고층 빌딩과 신도시, 거대한 인프라는 국가의 힘을 보여주었지만, 그 과정에서 인간의 존엄과 공동체의 기억은 종종 가려졌습니다. 사회가 건설을 바라보는 시선도 달라졌습니다. 과거에는 규모와 속도가 기준이었지만, 오늘날에는 책임과 존중이 새로운 잣대로 자리 잡고 있습니다. 시간이 지나 남는 것은 외형이 아니라, 그 건설이 어떤 삶을 가능하게 했느냐는 질문입니다.

건설인문학은 이러한 변화에 응답하려는 사유의 틀입니다. 건설을 단순한 구조물의 창조가 아니라, 인간과 사회, 시대정신을 담아내는 행위로 바라봅니다. 이를 위해 필요한 것은 기술의 언어만이 아니라 의미와 맥락을 해석하는 인문의 언어입니다. 인문의 언어는 효율과 성과로 환원되지 않는 신뢰와 존중, 기억과 책임의 차원을 드러내며, 산업이 사회와 대화하도록 이끕니다. 이는 산업이 스스로의 존재 이유를 지키기 위한 사유의 전환입니다.

크기는 눈길을 끌지만 오래 남지 않습니다. 반대로 깊이는 과정에서 쌓이며 세대에 걸쳐 기억으로 이어집니다. 정직한 시공과 안전을 우선하는 태도, 주민과의 대화와 같은 작은 실천이야말로 건설을 지탱하는 뿌리입니다. 이러한 과정이 인문의 언어로 해석될 때, 결과물은 의미를 얻고 산업은 사회적 책임의 주체로 자리매김합니다.

건설인문학은 그 깊이를 회복하는 도구로 작동합니다. 기술과 사회, 수치와 가치를 잇고, 성과를 기록이 아닌 기억으로 남게 합니다. 인문의 언어는 이 전환을 가능하게 하며, 건설이 다시 사회와 소통할 수 있는 언어를 제공합니다.

앞으로 건설이 나아가야 할 방향은 분명합니다. 크기를 쌓는 데 머무르지 않고 깊이를 세우는 것입니다. 크기는 사라지지만 깊이는 공동체의 삶 속에 뿌리내려 세대를 이어갑니다. 건설인문학은 산업이 스스로에게 던져야 할 근본적 질문을 일깨우고, 인문의 언어로 그 질문을 끝까지 붙잡게 합니다.

결국 건설은 기록이 아니라 기억으로, 크기가 아니라 깊이로 전환되어야 합니다. 그 전환의 중심에는 기술을 넘어선 인문의 언어가 있습니다. 이 언어를 회복할 때 건설은 다시 공동체와 미래를 지탱하는 기반으로 설 수 있을 것입니다.

건설의 본질을 탐색하다

건설은 단순한 기술이나 산업을 넘어
인간 존재의 본질과 맞닿아 있습니다.

건설의 기원을 되짚으며,
인류가 왜 끊임없이 짓는 존재로 살아왔는지를 탐색합니다.

'호모 컨스트럭투스'라는 개념을 통해 인간과 건설의 공존을 살피고,
건설의 집단적 본질과 산업의 자아를 상상합니다.

건설建設과 컨스트럭션Construction, 두 언어의 여정을 따라가며
건설산업의 존재 가치가 어디에서 비롯되는지를 성찰합니다.

그 과정을 통해 우리는 건설이 단순한 행위가 아니라
인류 문명을 지탱해 온 정신적 토대임을 확인하게 됩니다.

건설과 컨스트럭션, 두 단어의 여정과 맞닿는 곳

건설, 단어에서 사유思惟로

'건설 커뮤니티'에 속한 사람이라면 누구나 자연스럽게 사용하는 단어가 있습니다. 바로 '건설'입니다. 하지만 아이러니하게도, 우리는 일상에서 자주 쓰는 말일수록 그 의미를 깊이 묻지 않습니다. 단어의 깊이를 살피지 않은 채 습관처럼 쓰다 보면 언어 속에 담긴 사유와 역사를 놓치게 됩니다. 익숙하다고 여겼던 말일수록 사실은 더 많은 맥락과 함축을 품고 있습니다. 그렇기에 단어를 다시 바라보는 일은 단순한 어휘 공부가 아니라 새로운 생각으로 나아가는 길이 됩니다. 단어를 새롭게 읽는다는 것은, 곧 익숙한 세계를 낯설게 바라보는 출발점이 됩니다.

그렇다면 건설이라는 단어에는 어떤 의미가 숨어 있을까요? 단어 하나를 깊이 들여다본다는 것은 단순한 해석을 넘어, 그것이 태어난 시대의 정신과 사람들의 욕망, 그리고 사회가 지향한 세계관까지 함께 읽어내는 일입니다. 언어는 생각을 담고, 생각은 세계를 만듭니다. 건설이라는 말 속에는 인간이 어떤 세계를 세우려 했는지, 어떤 삶을 꿈꾸었는지가 배어 있습니다. 따라서 이 단어는 단순한 행위의 이름이 아니라 인간의 의지와 상상력이 응축된 결과라고 할 수 있습니다.

언어는 현실을 비추는 거울이면서 동시에 새로운 현실을 여는 열쇠이기도 합니다. 건설이라는 단어 역시 예외가 아닙니다. 이를 되짚어 보는 일은 단순히 과거를 돌아보는 일이 아닙니다. 언어는 시대와 사회의 필요 속에서 태어나 쓰였기에, 그 의미를 살펴보는 순간 우리는 사회가 어떤 가치와 세계관을 바탕으로 살아왔는지를 성찰하게 됩니다. 그렇게 바라볼 때 건설은 산업의 이름을 넘어, 우리가 함께 문명과 공동체를 세워 나가는 근본적 행위로 다가옵니다.

이 성찰은 우리에게 중요한 물음을 던집니다. 건설이라는 말을 단순히 구조물을 짓는 일로만 이해하는 데 머무르고 있지는 않은지, 또 그 속에 담긴 더 깊은 세계를 읽어내고 있는지를 돌아보게 합니다. 언어는 단순한 전달 수단이 아니라 사고의 틀을 규정합니다. 건설이라는 단어를 다시 묻는 일은, 곧 우리가 어떤 사회와 미래를 상상하고 있는지를 점검하는 일이 됩니다. 언어를 새롭게 바라볼 때, 건설을 이해하는 우리의 시선 또한 달라질 수 있습니다. 그리고 이러한 시선의 전환은 결국 우리가 짓고자 하는 세계의 모습 자체를 바꾸어 놓습니다.

서양의 컨스트럭션, 사유로 확장된 언어

영어의 컨스트럭션construction은 겉으로는 건축이나 토목의 행위를 뜻하지만, 그 어원을 따라가다 보면 사유의 폭이 훨씬 넓게 드러납니다. 이 단어는 라틴어 'struere'(쌓다, 세우다)에서 비롯되었으며, 처음에는 벽돌을 쌓고 기둥을 세우는 물리적 행위를 가리켰습니다. 그러나 시간이 흐르면서 컨스트럭션은 점차 물리적 세계를 넘어 인식과 사유의 차원까지 아우르게 되었습니다. 다시 말해, '세운다'라는 단순한 물리적 활동이 점차 추상적이고 정신적인 차원으로 옮겨간 것입니다.

오늘날 우리는 '사회적 구성social construction', '지식의 구축construction of knowledge'과 같은 표현을 자연스럽게 씁니다. 여기서 컨스트럭션은 더 이상 눈앞의 건축물을 뜻하지 않습니다. 인간이 제도를 만들고 지식을 조직하며, 세계를 해석하고 의미를 부여하는 방식을 설명하는 언어로 작동합니다. 즉 '짓는다'라는 행위가 단순히 공간을 만드는 차원을 넘어, 사회적 합의와 지식 체계를 세우는 인간 고유의 활동을 가리키게 된 것입니다. 이러한 확장은 언어가 현실을 단순히 묘사하는 것이 아니라, 새로운 현실을 만들어내는 적극적 도구임을 보여줍니다.

이 변화는 서양 사유의 전통과도 깊이 연결됩니다. 서양은 오래전부터 사물의 본질과 구조, 그리고 인식의 원리를 탐구해 왔습니다. 건설을 단순한 기술적 행위가 아니라 세계를 이해하는 틀로 보려는 태도가 컨스트럭션이라는 단어에 스며든 것입니다. 그래서 컨스트럭션은 물리적 구조물을 넘어 개념적 질서를 쌓는 행위로까지 확장되었습니다. 건물의 구조와 지식의 구조를 동일한 단어로 표현한다는 것은, 세운다는 행위가 물질과 정신을 동시에 아우르는 인간의 보편적 활동임을 보여줍니다. 그리고 이는 곧 인간이 세계를 살아가는 방식이 '무엇을 세우고 어떻게 조직하는가?'에 달려 있다는 통찰로 이어집니다. 언어는 이렇게 사유와 현실을 동시에 건설하는 힘을 갖고 있으며, 컨스트럭션은 그 대표적인 예라 할 수 있습니다.

동양의 건설, 현실을 바꾸는 언어

이에 비해 건설建設이라는 단어는 오래된 듯 보이지만, 사실 근대 일본에서 서양어를 번역하는 과정에서 새롭게 정착된 표현입니다. 메이지 유신 시기, 일본은 서구 문명을 빠르게 받아들이며 수많은 개념을 자국어로 번역했습니다. '경제', '산업', '과학'과 함께 '건설'이라는 말도 이때 등장했습니다. 문자 그대로는 '계획하여 세운다'라는 뜻이었지만, 실제 쓰임은 단순히 물리적 구조물을 올리는 행위를 넘어 사회와 국가를 새롭게 기획하고 집단의 미래를 설계하는 언어로 작동했습니다.

당시 일본에서 건설은 국가 개조와 문명화의 구호와 깊이 연결되어 있었습니다. 철도와 항만, 학교와 병원을 세우는 일은 단순한 시설 확충이 아니라 새로운 사회 질서를 구축하는 과정으로 이해되었습니다. 건설은 물리적 행위를 넘어 국가적 이상과 근대적 진보를 표현하는 언어로 자리 잡았습니다. 그 속에는 기술적 성취를 넘어 새로운 문명을 세우려는 집단적 열망이 배어 있었습니다. 말 그대로 '세운다'라는 행위는 건물 몇 채를 올리는 일이 아니라, 사회 전체를 일으켜 세우는 비전으로 받아들여졌습니다.

우리나라에서도 광복 이후 이 단어는 강한 상징성을 지니며 빠르게 확산되었습니다. '국토 건설', '조국 재건'과 같은 표현은 정부의 정책 구호이자 국민을 동원하는 언어로 적극 활용되었습니다. 전쟁의 폐허 속에서 건설은 민족의 생존을 지탱하고 미래를 개척하는 희망의 상징이 되었습니다. 흙먼지로 가득한 공사현장은, 곧 국가적 비전이 눈앞에 드러나는 자리였습니다. 학교와 주택, 도로와 공장은 단순한 건물이 아니라 '나라를 세운다'라는 집단적 의지를 보여주는 증거였으며, 무너진 삶의 토대를 회복하는 현장이기도 했습니다. 당시 건설은 산업의 한 부문을 넘어 사회 전체가 매달려야 하는 공동 과업으로 인식되었습니다.

이처럼 동양에서 건설은 공동체의 열망을 담아내는 말이었습니다. 벽돌과 콘크리트를 쌓는 행위에 머무르지 않고, 사회와 국가를 다시 일으켜 세우고 미래를 설계하려는 집단적 의지가 함께 들어 있었습니다. 그래서 건설은 태생부터 사회적·역사적 무게를 지니며, 현실을 바꾸고 공동체의 비전을 구현하는 언어가 되었습니다.

서로 다른 길, 그러나 공통의 열망

서양의 컨스트럭션construction과 동양의 건설建設은 같은 '세움'에서 출발했지만, 시간이 흐르며 서로 다른 길을 걸어왔습니다. 컨스트럭션은 처음에는 벽돌을 쌓고 기둥을 세우는 물리적 행위에서 비롯되었지만, 점차 그 의미가 확장되어 사유적·철학적 차원까지 나아갔습니다. 어떻게 세계가 구성되는가, 무엇이 현실을 가능하게 하는가를 탐구하는 언어로 자리 잡은 것입니다. 반면 건설은 사회와 국가를 구체적으로 일으켜야 했던 역사적 과제를 짊어진 언어였습니다. 메이지 유신기의 일본이나 광복 이후의 한국에서 건설은 단순한 시공 행위를 넘어 국가를 다시 세우고 사회를 새롭게 기획하는 구호와도 같았습니다. 하나는 존재와 인식의 구조를 탐구하는 언어로, 다른 하나는 생존과 미래를 설계하는 언어로 발전한 셈입니다.

그러나 이렇게 다른 길을 걸었음에도 두 단어가 품은 열망은 결국 닮았습니다. 눈앞에 드러나는 구조물이든, 보이지 않는 제도와 가치의 틀이든, 그 바탕에는 인간이 더 나은 질서를 세우고 미래를 기획하려는 보편적 의지가 자리합니다. 컨스트럭션이 해석과 이해의 언어라면, 건설은 실행과 창조의 언어라 할 수 있습니다. 하지만 두 언어 모두 인간이 무질서 속에서 질서를 찾아내고, 혼돈 속에서 새로운 세계를 열어 가려는 근원적 열망을 드러낸다는 점에서 맞닿아 있습니다. 인간은 물리적 공간을 세우는 일과 정신적 틀을 세우는 일을 별개로 나누지 않고, 삶의 전 영역에서 '세움'을 통해 의미를 창조해 왔던 것입니다.

이 공통의 지점은 '세운다'라는 행위가 단순히 돌과 벽돌을 올리는 기술이 아니라, 인간 존재 자체의 근원적 표현임을 보여줍니다. 집을 짓는 일, 사회 제도를 세우는 일, 지식의 체계를 조직하는 일은 겉보기에는 서로 다른 영역처럼 보이지만, 모두 인간이 더 나은 삶의 터전을 마련하기 위해 선택해 온 동일한 활동이었습니다. 바로 이러한 점에서 컨스트럭션과 건설은 서로 다른 길을 걸어왔으면서도 결국 같은 지평에서 만나는 언어라 할 수 있습니다. 두 단어가 교차하는 그 지점에는, 인간이 과거로부터 이어온 끊임없는 열망 곧 안전한 거처를 마련하고, 공동체를 조직하며, 미래를 향한 새로운 세상을 꿈꾸려는 열망이 자리하고 있습니다.

단어 너머의 세계

이처럼 서로 다른 길을 걸어온 컨스트럭션과 건설은 결국 같은 질문 앞에 서게 합니다. 우리는 왜 세우는가, 그리고 무엇을 세우려 하는가? 그 답은 단순히 건물이나 도로를 짓는 데 있지 않습니다. 그것은 더 나은 삶의 질서와 미래의 방향을 설계하려는 인간의 오랜 꿈에 있습니다. 건축과 토목은 단순한 기술적 작업이 아니라, 공동체가 어떤 세계를 그리며 살아갈지를 드러내는 실천이었습니다. 그렇기에 건설의 현장은 언제나 두 가지 얼굴을 가지고 있었습니다. 하나는 철근과 콘크리트가 어우러진 물리적 장면이고, 다른 하나는 그 뒤에 깔린 사회적 합의와 집단적 비전이었습니다.

따라서 건설이라는 말은 특정 산업의 이름을 넘어서는 언어입니다. 그것은 미래를 기획하는 언어이자, 시대의 이상을 담는 상징입니다. 우리는 여전히 도시를 세우고, 제도를 짓고, 공동체의 관계망을 만들어 가고 있습니다. 예를 들어, 스마트시티를 건설한다는 말은 단순히 첨단 시설을 배치한다는 뜻이 아닙니다. 그것은 새로운 생활 방식과 가치 질서를 설계하고, 공동체의 삶을 다시 조직하려는 의지를 담고 있습니다. 학교와 병원을 세운다는 말 역시 단순히 건물을 올린다는 차원을 넘어, 교육과 돌봄이라는 사회적 기반을 구축하는 일과 연결됩니다. 즉, 건설은 물질의 세움과 동시에 삶의 토대를 다지는 행위입니다.

이 모든 세움의 과정에는 시대의 열망이 스며 있습니다. 어떤 시대는 생존을 위한 세움에 집중했고, 다른 시대는 부강과 성장의 상징으로서 건설을 바라보았습니다. 오늘날에는 지속가능성과 공존이라는 가치가 건설 담론의 핵심 목표로 강조되고 있습니다. 더 이상 "얼마나 크고 빠르게 세웠는가?"가 아니라, "어떻게 오래도록 함 께 살아갈 수 있는가?"가 중심 물음이 되고 있습니다. 그래서 건설의 언어는 단순히 물리적 구조물을 넘어 개념과 가치, 의미의 세계까지 확장되어야 합니다.

결국 단어를 다시 읽는다는 것은, 곧 우리가 어떤 세상을 새롭게 짓고 싶은지를 묻는 일입니다. 언어를 새롭게 이해하는 순간, 건설은 과거의 성취에 머무르지 않고 미래의 청사진으로 다가옵니다. 그리고 그 청사진 속에는 기술이나 산업만이 아니라, 인간이 함께 살아갈 새로운 세계에 대한 상상과 책임이 함께 담겨 있습니다.

호모 컨스트럭투스, 건설 인류의 공존과 번영

새로운 이름이 열어주는 창

인류를 설명할 때 학문은 늘 '호모'라는 학명 뒤에 인간의 특징을 덧붙여 왔습니다. 호모 사피엔스Homo sapiens는 '슬기로운 인간'을, 호모 루덴스Homo ludens는 '놀이하는 인간'을, 호모 에코노미쿠스Homo economicus는 '경제적 인간'을 뜻합니다. 이처럼 이름 하나는 인간의 본질을 압축해 드러내는 언어적 장치이자, 시대마다 인간을 이해하는 창이 되어 왔습니다. 단어는 단순한 분류의 기호가 아니라, 사고와 상상력을 이끄는 틀로 작용해 왔습니다.

그렇다면 인간을 '짓는 존재'로 정의한다면 어떨까요? 건설을 뜻하는 영어 컨스트럭션construction은 라틴어 컨스트럭투스constructus에 뿌리를 두고 있습니다. 여기에서 착안해 '호모 컨스트럭투스'라는 신조어新造語를 제안한다면, 인간은 단순히 생각하거나 계산하거나 놀이하는 존재를 넘어, 삶과 문명을 짓는 존재로 새롭게 규정될 수 있습니다. 짓는 행위는 단순한 기술이 아니라 공동체를 세우고 기억을 남기는 인간의 본능이라는 점에서, 이 이름은 인간의 정체성을 설명하는 또 하나의 길을 열어줍니다.

비록 공식적인 학술 용어는 아니지만, 이 이름은 우리가 새롭게 열어 갈 사유의 문을 두드리게 합니다. 언어가 사고의 지평을 규정한다는 점에서 새로운 이름은 곧 새로운 사고를 가능하게 합니다. 이는 앞선 글에서 강조했던 '건설을 사회와 소통하는 언어로 다시 읽어야 한다'라는 문제의식과도 맞닿아 있습니다. 호모 컨스트럭투스라는 이름은 건설을 단순한 기술적 행위에서 해방시켜, 인간의 본질을 드러내는 인문학적 언어로 자리매김하게 합니다.

무엇보다 이 이름은 건설이 산업 내부의 용어를 넘어 사회 전체와 나누어야 할 언어임을 일깨워 줍니다. 인간을 짓는 존재로 규정하는 순간, 건설은 특정 집단만의 활동을 넘어 인류 보편의 경험으로 읽힙니다. 따라서 호모 컨스트럭투스라는 이름은 단순히 새로운 개념의 탄생이 아니라, 우리가 건설을 어떻게 사유하고 어떤 책임과 의미 속에서 다루어야 하는지를 묻는 말의 출발점이 됩니다. 그리고 바로 이 지점에서 건설인문학이 지향해야 할 방향 역시 자연스럽게 드러납니다.

12,000년의 건설 본능

건설을 호모 컨스트럭투스라는 이름으로 설명하려면, 먼저 인류 역사 속에서 건설이 어떤 자리를 차지해 왔는지를 돌아볼 필요가 있습니다. 건설은 인류 역사에서 매우 오래된 행위 중 하나입니다. 약 12,000년 전 무렵 일부 지역에서 정착 생활이 본격화되며 영구적 건축과 정주형 구조물이 널리 확산되었습니다. 그것은 단순히 비바람을 막는 피난처를 마련하는 데 그치지 않고, 삶의 질서와 공동체를 세우는 과정이었습니다. 건설은 생존을 위한 기술일 뿐만 아니라 사회를 조직하는 문화적 행위였던 것입니다.

역사의 현장마다 건설의 흔적은 선명하게 남아 있습니다. 메소포타미아 문명의 관개 수로와 제방은 공동체의 생존을 보장한 토목공사였고, 이집트의 피라미드는 영원과 권력을 상징하는 기념비였습니다. 로마 제국의 도로와 수로, 교량은 군사적 확장을 뒷받침했을 뿐만 아니라 도시와 도시를 연결하는 혈관이 되었습니다. 근대에 들어 건설은 군사공학military engineering과 구분하기 위해 '시민 생활을 위한 공학civil engineering'이라 불리게 되었고, 이는 오늘날의 토목공학으로 이어졌습니다. 이 전환은 건설이 권력의 도구를 넘어, 시민의 삶을 지탱하는 기반으로 확장되었음을 보여주는 상징적 사건이었습니다.

이 흐름을 돌이켜보면, 인류는 단순히 집을 짓는 존재에 머물지 않았습니다. 피난처였던 집에서 시작해 마을과 도시를 일구었고, 수로와 도로, 교량과 같은 기반 시설을 만들어 문명을 확장해 갔습니다. 다시 말해, 인류는 집을 넘어 도시를, 도시를 넘어 문명을 짓는 존재였습니다. 건설은 가장 오래된 창조의 언어이자 사회적 상상력을 현실로 구현한 도구였습니다. 너무도 오래되고 당연한 본능이었기에 질문조차 잊혔지만, 사실은 인류 역사를 이끌어온 가장 강력한 동력이었던 것입니다.

결국 건설의 역사를 되새긴다는 것은, 곧 인간 자신을 성찰하는 일이기도 합니다. 인류가 왜 끊임없이 짓기를 멈추지 않았는지를 묻는 순간, 그것은 단순히 건설인의 영역을 넘어섭니다. 그 물음은

“우리는 무엇을 남기려 하는가?”, “어떤 삶의 방식을 후대에 전하려 하는가?”라는 더 근본적 질문으로 이어집니다. 건설은 생존을 넘어 인간의 기억을 세우고, 문명을 설계하며, 사회적 정당성을 확보하는 방식으로 작동해 왔습니다. 그렇기에 건설을 성찰한다는 것은 과거를 회상하는 데 그치지 않고, 현재와 미래를 향해 인간 존재의 본능을 새롭게 읽어내는 일입니다.

‘함께 짓는’존재로서의 인간

건설의 역사를 통해 확인할 수 있는 중요한 사실 가운데 하나는, 인간이 결코 혼자 짓는 존재가 아니라는 점입니다. 호모 컨스트럭투스라는 이름 속에도 바로 이 뉘앙스가 담겨 있습니다. 라틴어 컨스트럭투스constructus는 ‘함께con’와 ‘짓다structus’가 결합된 형태로, 건설이 본래부터 ‘함께 짓는 것’을 뜻함을 보여줍니다.

인류는 결코 홀로 살아갈 수 없었습니다. 집도, 마을도, 도시도 늘 함께 지어야 했습니다. 누군가는 집터를 닦고, 누군가는 벽을 세우며, 또 누군가는 지붕을 덮었습니다. 이렇게 나뉜 노동이 모여 공동체가 형성되었고, 그 안에서 건설은 비로소 의미가 있습니다. 구조물을 만드는 기술을 넘어, 함께 살아가기 위한 질서를 조직하는 과정이었던 것입니다. 그래서 건설은 언제나 개인의 노동을 넘어 협업과 신뢰의 산물이었고, 바로 그 지점에서 ‘공동체적 인간’이라는 본질이 드러납니다.

따라서 호모 컨스트럭투스는 단순히 구조물을 올리는 인간이 아닙니다. 그는 공간을 구성하고, 관계를 설계하며, 의미를 창조하는 존재입니다. 동굴을 집으로 바꾸고, 자연을 삶의 기반으로 전환하며, 도시를 질서와 의미로 조직한 존재가 바로 인간입니다. 짓는 행위는 단순한 기능이 아니라 존재를 표현하는 언어였고, 그 언어를 통해 인간은 문화를 만들고 기억을 남겼습니다.

함께 짓는 행위는 단순히 물리적 구조물을 세우는 일이 아니라 공동체의 신뢰와 존엄을 세우는 길이 됩니다. 여기서 '함께 짓는다'는 것은 단순한 협력을 넘어, 가치와 책임을 공유하는 차원을 내포합니다. 인간은 짓는 존재이면서 동시에 함께 짓는 존재일 때 비로소 온전히 정의될 수 있습니다.

이 맥락에서 건설은 단순한 기술적 산업이 아니라 사회적 약속과 책임의 장으로 읽혀야 합니다. 크기와 속도로만 평가되는 건설은 인간 본질과 멀어지지만, 함께 짓는 건설은 깊이와 신뢰를 남깁니다. '호모 컨스트럭투스'라는 이름은 건설을 존재의 언어로 읽어 내려는 시도이자, 사회적 정당성과 책임의 맥락에서 다시 바라보도록 이끄는 새로운 시선이 됩니다.

두 건설 인류의 관계

이제 '함께 짓는다'는 말이 구체적으로 누구와 누구의 관계를 뜻하는지 살펴볼 차례입니다. 앞에서 보았듯이 건설은 본래 혼자가 아닌 함께 짓는 행위였습니다. 그렇다면 오늘날 건설산업에서 그 '함께'는 누구를 가리킬까요? 크게 두 부류의 건설 인류가 있습니다. 하나는 건설을 '하는' 사람들입니다. 설계자, 시공자, 감리자, 자재와 장비 공급자들이 여기에 속하며, 이들은 지식과 노동을 모아 건설의 실체를 만들어냅니다. 또 다른 하나는 건설을 '의뢰하는' 사람들, 곧 발주자로서 자본과 권한을 통해 건설을 가능하게 하는 이

들입니다.

오늘날 건설산업의 핵심 과제는 이 두 집단이 어떻게 만나고 협력하느냐에 달려 있습니다. 그러나 현실에서는 갈등이 끊임없이 되풀이되고 있습니다. 적정공사비 논란, 불합리한 하도급 구조, 갑질과 을질이라는 낡은 병폐는 모두 '함께 짓는 정신'이 사라질 때 드러나는 민낯입니다. '갑'이 비용 절감만을 앞세우거나 우월적 지위를 남용하는 것도 문제이지만, '을'이 맡은 몫을 충실히 다하지 못하거나 책임의 무게를 가볍게 여기는 모습 역시 신뢰를 허뭅니다. 결국 양쪽 모두가 서로를 의심하며 불신의 고리를 강화할 때, 건설은 공존의 산업이 아니라 갈등의 산업으로 변질됩니다. 그리고 그 불신은 단순히 산업 내부에 머물지 않고, 사회 전체가 건설을 바라보는 시선에도 어두운 그림자를 드리우게 됩니다.

'호모 컨스트럭투스'라는 이름은 단순히 인간을 짓는 존재로 설명하는 데 그치지 않습니다. 그것은 곧 '함께 짓는 인간'을 뜻하며, 여기에서 함께는 단순한 물리적 협력에 머무르지 않습니다. 그것은 위험을 나누고, 책임을 공유하며, 성과를 공정하게 나누는 윤리적 구조까지 포함합니다. 이 정신이 회복될 때 비로소 건설산업은 신뢰와 협력 위에서 공존과 번영의 길을 찾을 수 있습니다.

정당성은 단순히 크기와 성과에서 비롯되지 않습니다. 그것은 과정에서 드러나는 공정성, 곧 함께 짓는 과정에서 형성되는 신뢰에서 태어납니다. 건설이 사회와 맺는 약속이 신뢰 위에 세워질 때, 건설은 단순한 산업을 넘어 공동체의 미래를 짓는 인류적 활동으로 거듭날 수 있습니다. 따라서 건설은 더 크고 빠른 결과를 내는 산업이기 이전에, 더 깊은 관계와 신뢰를 쌓는 산업이어야 합니다. 그리고 이 전환을 가능하게 하는 힘이야말로 호모 컨스트럭투스가 지닌 가장 본질적인 의미라 할 수 있습니다.

공존과 번영을 향한 길

결국 두 건설 인류가 어떤 관계를 맺느냐에 따라 산업의 미래가 달라집니다. 오늘날 건설은 과거보다 훨씬 복잡해졌습니다. 기술은 정교해지고 규모는 커졌으며, 사회적 요구와 이해관계는 얽혀 리스크는 더욱 커졌습니다. 과거에는 기술적 난제 해결이나 자금 조달만으로도 충분했지만, 이제는 안전, 환경, 윤리, 지역사회까지 함께 고려해야 합니다. 그러나 흔히 선택되는 방식은 '리스크 폭탄 돌리기'입니다. 당장은 모면할 수 있어도 장기적으로는 모두를 고립과 불신으로 몰아넣고, 반복될수록 산업 전체의 신뢰 기반을 허뭅니다.

건설은 인간의 삶과 불가분의 관계를 맺기에 절대로 사라지지 않습니다. 문제는 어떤 모습으로 지속될 것인가입니다. 양적 기반은 유지될 수 있어도 질적 기반을 잃은 건설은 공동체의 신뢰를 잃고 존재 이유마저 약화됩니다. 산업이 성장해도 사회와의 신뢰가 무너진다면 그것은 빈 껍데기에 불과합니다. 정당성 없는 성장은 사회의 지지를 잃게 되고, 건설은 스스로 토대를 허물게 됩니다.

따라서 공존과 번영의 열쇠는 컨스트럭투스, 곧 '함께 짓는 정신'에 있습니다. 여기서 함께는 단순한 협력이 아니라, 위험을 나누고 성과를 공유하며 책임을 공동으로 감당하는 구조를 뜻합니다. 두 건설 인류가 리스크를 분담하고 성과를 공유할 때, 건설은 단순한 산업을 넘어 사회적 약속으로 자리합니다. 그때 건설은 성과의 언어를 넘어 신뢰의 언어를 회복하게 됩니다. 이것이야말로 호모 컨스트럭투스다운 길이며, 건설이 인류의 공존과 번영을 향해 나아가는 방식입니다. 더 크게 짓는 것에서 멈추지 않고, 더 깊은 신뢰와 존엄을 세우는 순간 건설은 지속가능한 미래를 열 수 있습니다.

이 전환은 단순한 이상적 선언이 아니라, 건설 공동체가 함께 살아남기 위해 반드시 거쳐야 할 변화입니다. 과거 건설은 물량과 속도의 성취로 눈부신 성장을 이루었지만, 그 과정에서 신뢰와 공존의 가치는 종종 뒷전으로 밀려났습니다. 효율과 성과는 당대의 요구를 충족시켰으나, 사회적 관계와 책임의 기반을 충분히 다지지는 못했습니다. 그렇기에 오늘날 건설은 '함께 짓는 정신'을 새로운 토대로 삼아야 합니다. 앞으로의 건설은 더 이상 규모와 속도만으로 존재 이유를 증명할 수 없으며, 신뢰와 공존 위에서만 지속가능성을 확보할 수 있습니다. 공존과 번영의 길은 먼 미래의 비전이 아니라, 지금 여기에서 우리가 함께 시작해야 할 구체적 과제이자 우리 시대가 건설에 부여하는 새로운 요청입니다.

왜 인류는 건설을 멈추지 않는가?

짓는 본능, 멈추지 않는 행위

인간의 '짓기'는 추위를 피하려고 마련한 선사시대의 간이 거처에서 비롯된 것으로 알려져 있습니다. 건설은 생존을 위해 선택된 핵심 기술이었으며, 점차 인간에게 멈출 수 없는 충동으로 자리 잡았습니다. 생존의 거처에서 출발한 건설은 세월이 흐르며 집단의 삶을 지탱하는 구조로 바뀌었고, 공동체가 커질수록 그 형태는 더 정교하고 복잡해졌습니다. 그렇게 이어진 흐름 속에서 오늘날의 도시는 이미 높은 밀도로 성장했습니다. 고층 건물이 하늘을 찌르고, 고속도로는 그물망처럼 뻗어 있으며, 일부 도시에서는 공실률이 높아져 사람이 살지 않는 건물이 늘어나고 있습니다. 그럼에도 인간은 멈추지 않습니다. 낡은 건물을 허물고 같은 자리에 다시 세우며, 아직 발길이 닿지 않은 땅을 찾아가 또다시 길을 내고 다리를 놓습니다. 마치 짓는 행위가 멈추는 순간 인간다운 삶의 흐름도 중단될 것처럼, 우리는 끊임없이 건설을 이어갑니다.

이는 단순히 경제적 수요나 인구 증가와 같은 통계적 이유로만 설명되지는 않습니다. 인간은 짓지 않고는 살아갈 수 없는 존재입니다. 움막을 세워 추위를 막고, 불을 피워 어둠을 물리치던 원시시대 순간부터 건설은 생존의 최소 조건이자 인간 본능의 확장이었습니다. 그러나 시간이 흐르면서 건설은 단순한 피난처 마련을 넘어, 인간이 살아갈 세계 전체를 설계하고 조직하는 방식으로 발전했습니다.

정착과 재배가 시작되면서 둑, 수로와 같은 인공 구조물이 뒤따랐고, 종교와 문화는 신전이 필요했으며, 정치와 경제는 궁궐과 시장, 길과 광장을 통해 구체화 되었습니다. 짓는다는 행위는 단순한 실용을 넘어, 인간이 존재하고자 하는 방식을 증명하는 과정이었습니다. 움막에서 집으로, 집에서 마을로, 마을에서 도시로, 도시에서 국가 기반으로 확장되는 과정은 단지 공간의 확대가 아니라, 삶의 질서를 세우고 세계를 구성하려는 강력한 의지의 표현이었습니다.

이 본능은 오늘날에도 여전히 작동합니다. 무너진 건물을 복구하고, 자연재해로 파괴된 마을을 다시 일으켜 세우는 일 속에서도 인간은 단순히 생존만을 추구하지 않습니다. 우리는 짓는 과정을 통해 공동체의 회복력을 확인하고, 삶을 다시 시작할 수 있다는 희망을 공유합니다. 결국 짓는다는 행위는 인간이 스스로의 존재를 확인하고, 앞으로의 삶을 계획하며, 더 나은 내일을 향한 기대를 구체화하는 본능적 충동의 발현입니다. 인간이 건설을 멈추지 않는 이유는 필요를 채우기 위해서만이 아니라, 살아 있다는 사실을 확인하고 더 나은 세계를 꿈꾸기 위함입니다. 바로 이 지점에서 건설은 인간을 인간답게 만드는 행위가 됩니다.

가치와 기억을 담은 구조물

우리가 오가는 병원과 학교, 다리와 도서관은 단순한 시설이 아닙니다. 그 안에는 공동체가 품은 신념과 일상의 기억이 새겨져 있어, 구조물 하나가 곧 사회의 가치관을 드러내는 언어가 됩니다. 건설은 단순히 손으로 쌓는 노동의 결과물이 아닙니다. 그것은 마음으로 그려낸 세계의 모형이며, 공동체가 품은 가치와 신념을 구체적 공간으로 드러내는 과정입니다. 눈에 보이는 것은 벽돌, 유리, 콘크리트일지 몰라도, 그 안에는 사람들의 꿈과 두려움, 질서와 희망이 고스란히 새겨져 있습니다. 구조물은 단순한 기능적 실체가 아니라, 사람들이 세상을 어떻게 이해하고 살아가고자 했는지를 증언하는 집합적 기억이기도 합니다.

병원은 치료 시설을 넘어 생명에 대한 사회적 태도를 드러냅니다. 학교는 교육의 철학과 미래에 대한 믿음을 구현하는 공간이며, 다리는 단순한 이동 수단이 아니라 공동체의 연결 의지를 보여줍니다. 도서관은 지식 공유와 평등한 접근을 담고, 성당과 사찰은 인간이 신과 맺고자 했던 관계를 공간적으로 형상화합니다. 시장과 광장은 교류와 교환을 통해 사회적 유대를 증폭시키며, 주거 공간은 가족의 형태와 생활 방식을 반영하는 거울이 됩니다.

이처럼 구조물은 단순한 실용을 넘어 사회적 의미를 담는 상징 체계가 됩니다. 눈에 보이지 않는 윤리와 신념이 담기기도 하고, 공동체의 가치와 이상이 축적되기도 합니다. 오래된 도서관은 단순히 책을 보관하는 시설이 아니라, 한 사회가 지식과 배움을 어떻게 존중했는지를 보여주는 증거가 됩니다. 공원과 광장은 사람들이 함께 모여 자유와 연대를 실험했던 장이 되기도 합니다.

오늘날 우리가 이용하는 건물 역시 같은 맥락 속에 있습니다. 병원은 단순히 의학적 기능을 넘어 "생명을 어떻게 존중할 것인가?"라는 사회적 태도를 반영하고, 학교는 다음 세대를 위한 철학을 구체화합니다. 심지어 아파트 단지의 배치, 도로망의 설계, 공원의 크기와 접근성까지도 공동체가 무엇을 우선시하는지를 드러냅니다. 따라서 건설은 단순히 구조물을 세우는 행위가 아니라, "우리가 어떤 사회가 되고자 하는가?"라는 질문에 대한 응답이자, 삶의 질서를 구체화하는 언어입니다.

문명의 좌표, 시대를 남기는 건설

피라미드, 만리장성, 조선의 궁궐은 단순한 유산이 아닙니다. 이 거대한 건설물은 각 시대가 자신을 정의하고 세계 속에 좌표를 남긴 문명의 선언이었습니다. 인류는 시대마다 서로 다른 이유로 웅대한 건축과 토목을 이어 왔습니다. 피라미드는 왕의 무덤이면서 동시에 파라오의 권위와 신성, 죽음 이후 세계에 대한 상상력을 응축한 상징적 구조물이었습니다. 만리장성은 북방 민족의 침입을 막기 위한 방어 시설이자, 두려움과 경계 의식을 거대한 장벽으로 드러낸 기록이었습니다. 조선의 궁궐은 정치적 권위를 드러내는 한편, 하늘과 땅, 인간의 질서를 건축으로 구현하려 한 상징적 공간이었습니다. 이들 건설물은 단순한 구조물이 아니라, 문명이 자신을 스스로 어떻게 정의하고 어떤 세계를 지향했는지를 보여주는 좌표였습니다.

이러한 건설의 흔적은 후대의 사람들이 과거를 이해하는 창이 되었습니다. 무너진 성벽 하나, 낡은 다리 하나에도 당시 사람들의 두려움과 욕망, 이상과 질서가 배어 있습니다. 문명이 남긴 건축물은 단순한 잔재가 아니라, 시대가 자기 정체성을 어떻게 규정했는지를 보여주는 살아 있는 기록입니다.

오늘날에도 우리는 스마트시티, 데이터센터, 해상풍력발전소, 탄소중립형 인프라 등을 통해 새로운 문명을 짓고 있습니다. 오늘의 도시는 콘크리트와 아스팔트에 더해 센서와 알고리즘, 네트워크와 에너지 인프라가 결합된 복합 시스템으로 운영됩니다. 데이터는 핵심 자원으로 간주되고, 에너지 선택은 단순 공급을 넘어 지속가능성의 기준으로 평가됩니다. 그러나 본질은 변하지 않았습니다. 인간은 여전히 더 나은 삶의 구조를 마련하기 위해 짓고 있으며, 건설은 과거의 잔재가 아니라 미래 문명의 설계도입니다.

따라서 건설은 문명이 자기 정체성을 선언하는 가장 구체적인 방식이자, 다음 세대를 위한 문명적 문장을 써 내려가는 행위입니다. 그것은 단순한 실용이 아니라, 인류가 어떤 세계를 열고자 하는지에 대한 선언이자 기록입니다.

질문은 여전히 남는다

기술은 끝없이 발전해 초고층 빌딩과 스마트시티를 가능케 했습니다. 그러나 아무리 많은 구조물을 지어도 "왜 짓는가? 누구를 위해 짓는가?"라는 질문은 절대로 사라지지 않습니다. 인공지능, 로봇, 자동화, 모듈러 건축 등은 건설의 방식을 혁신적으로 바꾸어 놓았습니다. 불과 몇십 년 전만 해도 상상하기 어려웠던 초고층 빌딩의 시공, 해상 인공섬, 인공지능이 접목되고 있는 건설 현장은 이제 낯설지 않습니다. 그러나 이러한 진보에도 질문은 여전히 남습니다.

고대의 건설은 신의 질서를 구현하려는 시도였습니다. 신전과 성소, 대성당은 인간이 신과의 관계를 건축적으로 표현한 공간이었습니다. 근대의 건설은 국가 경쟁력과 경제성장을 지탱했습니다. 도로와 철도, 공장과 항만은 산업 생산과 교역을 확대하기 위해 지어졌으며, 그 과정에서 건설은 근대 문명의 기반이 되었습니다. 오늘날 건설은 인간의 존엄과 연결, 지속가능성, 공존과 회복이라는 가치를 담으려 합니다. 스마트시티와 친환경 인프라는 단순한 기능이 아니라, 어떤 미래를 선택할 것인가에 대한 선언입니다.

짓는다는 목적은 시대마다 달라졌지만, 행위 자체는 변하지 않았습니다. 기술은 수단일 뿐만 이유를 설명해 주지 못합니다. 짓는 이유는 언제나 인간의 내면에서 비롯되며, 우리가 어떤 존재로 살고자 하는지를 드러내는 실천입니다. 그렇기에 건설은 단순한 구조물 생산이 아니라, 인간이 자신에게 던지는 철학적 질문의 응답이 됩니다.

그리고 이 질문은 미래 세대에게도 이어집니다. 지금 우리가 세우는 도시와 인프라는 후대가 해석할 답안지이며, 우리가 어떤 존재로 살고자 했는지를 보여주는 흔적이 됩니다. 질문이 있을 때 건설은 기능을 넘어 문명이 되고, 질문이 사라지는 순간 건설도 존재 이유를 잊게 됩니다. 따라서 건설을 사유한다는 것은, 곧 인간 자신을 사유하는 일이며, 오늘의 건설은 미래의 철학적 거울이 됩니다.

삶의 그릇, 살아 있다는 증거

우리가 매일 밟는 도로, 마시는 물, 켜는 전등은 그저 편의[便宜]가 아닙니다. 건설은 현재를 지탱하고 미래를 준비하는 사회적 약속이자, 살아 있다는 사실을 확인하는 가장 확실한 증거입니다. 병원이 없는 마을은 건강이 위협받습니다. 도서관이 없는 지역은 지식과 교육에서 소외됩니다. 다리가 없으면 이동의 자유를 잃고, 상하수도가 없으면 기본적인 위생과 생명이 위협받습니다. 이 모든 것을 가능하게 하는 것이 건설입니다. 인프라는 편의의 차원을 넘어, 삶의 조건을 구성하는 사회적 기반입니다. 우리가 당연하게 여기는 전등이 켜진 거리, 정돈된 도로, 안정된 상수도망은 모두 건설이 남긴 묵묵한 결실입니다.

건설은 공동체가 무엇을 보장할지를 공간으로 말하는 사회적 약속입니다. 공간은 권력을 드러내고, 길은 연대를 잇고, 물길은 생명을 품으며, 벽은 질서를 조율합니다. 건설은 단순히 구조물을 세우는 일이 아니라, 누구에게 얼마만큼의 권리와 기회를 줄지를 결정하는 윤리적 선언입니다. 그렇기에 도시의 배치와 기반 시설의 분포는 곧 사회 정의의 수준을 반영합니다. 도서관과 학교가 어디에 놓이는지, 교통망이 누구에게 연결되는지, 주거 공간이 어떤 계층에게 제공되는지는 모두 건설이 사회적 불평등을 완화할 수도, 심화시킬 수도 있음을 보여줍니다.

따라서 건설은 삶의 그릇이자 사회의 뼈대입니다. 평범해 보이는 전등과 도로, 넘치지 않는 하수관은 사실 공동체가 함께 만들어낸 '사회적 건설물'이며, 우리가 무심코 지나치는 사이에도 삶을 지탱하고 있습니다. 더 나아가 건설은 세대를 잇는 약속이기도 합니다. 오늘 우리가 쌓아 올린 다리와 도로, 병원과 학교는 미래 세대가 살아갈 조건을 미리 마련해 두는 일입니다.

우리는 살아 있어서 짓습니다. 더 잘 살기 위해, 더 나은 세상을 남기기 위해 다시 짓습니다. 짓는다는 행위는, 곧 살아 있다는 증거이며, 문명을 이어가는 가장 인간다운 실천입니다. 우리가 멈추지 않고 짓는 이유는 단순한 생존을 넘어, 인간이라는 존재 자체가 가진 미래 지향성과 희망을 구체적인 형태로 드러내기 위함입니다. 다시 말해 건설은 인간이 자기 존재를 끊임없이 갱신하고 확장해 가는 서사의 일부입니다.

함께 짓는 힘,
건설의 집단적 본질

건설은 언제나 함께였다

건설은 태초부터 집단의 행위였습니다. 인류 최초의 움집과 동굴 벽화조차 개인이 홀로 만들어낸 것이 아니라, 가족과 집단이 함께 삶의 터전을 꾸려간 결과물이었습니다. 불을 지피고 짐승의 가죽을 엮어 바람을 막는 일, 무거운 돌을 옮기고 나무를 세워 지붕을 얹는 일은 혼자의 힘으로는 불가능했습니다. 생존을 위해 서로의 손을 모은 순간, 건설은 탄생했습니다. 그 안에는 단순히 물리적 노동만이 아니라, 서로를 의지하고 지켜내려는 공동체적 의지가 담겨 있었습니다.

고대 도시의 형성 과정은 이러한 집단적 건설의 성격을 잘 보여줍니다. 메소포타미아 문명의 수메르 도시는 신전과 성벽을 중심으로 성장했습니다. 지구라트와 신전 복합체는 도시의 종교·정치 중심이었으며, 성벽은 전 주민이 협력하여 세운 공동체적 안전망이었습니다. 도시가 생겨나고 확장될 수 있었던 것은 개개인의 힘이 아니라 집단의 협력이 있었기 때문입니다. 신전과 성벽은 단순한 구조물이 아니라 공동체가 자신들의 세계관과 질서를 물질로 새겨 넣은 상징물이기도 했습니다.

고고학적 발견도 건설이 언제나 공동체적 삶과 맞닿아 있었음을 증명합니다. 가장 오래된 도시 가운데 하나로 꼽히는 예리코Jericho의 성벽과 탑은 기원전 약 8,000년경에 축조된 것으로, 단순한 거주지가 아니라 공동체 전체가 외부의 위협에 맞서 쌓아 올린 협력의 결과물이었습니다. 이처럼 건설은 생존과 안전을 넘어, 공동체의 정신을 새기는 행위였습니다. 한 사회가 무엇을 두려워하고 무엇을 지키고자 했는지가 건설 행위에 고스란히 드러났던 것입니다.

건설은 사회적 존재로서의 인간을 전제합니다. 인간은 본성적으로 혼자가 아니라 함께 살아야만 존재할 수 있으며, 건설은 그 '함께 살아감'을 구체적으로 드러내는 행위였습니다. 집은 개인의 거처이자 동시에 공동체의 일부였고, 도시는 집합적 삶의 장이었습니다. 따라서 건설은 언제나 집단적 존재론의 증거였습니다. 오늘날 우리가 건설을 바라볼 때도, 그것을 단순한 산업이나 기술이 아니라 인간이 함께 살아가기 위해 선택해 온 가장 오래된 방식 중 하나로 이해해야 하는 이유가 바로 여기에 있습니다.

협력과 분업의 힘

건설이 늘 공동체적 행위였던 이유는 본질적으로 협력과 분업을 필요로 하기 때문입니다. 기둥을 다듬는 사람, 벽돌을 굽는 사람, 설계를 맡는 사람, 공정을 지휘하는 사람, 각자의 역할은 달랐지만, 모두가 하나의 목적을 향했습니다. 이는 단순한 노동의 집적이 아니라 사회적 조직화와 조율의 과정이었습니다. 건설이 진행되는 순간, 공동체는 스스로의 질서를 확인하며 하나의 의지를 실천했습니다.

역사적으로 건설은 분업과 협력의 거대한 실험장이었습니다. 로마 제국의 도로망은 군사적 필요에서 비롯되었지만, 기술자와 노예, 병사와 행정관료까지 수많은 사람이 참여해야 가능했습니다. 로마의 아쿠아덕트는 장거리 구간에서 매우 완만한 기울기를 정밀하게 유지해야 했습니다. 이는 측량가, 석공, 노동자, 행정 관리가 유기적으로 협력하지 않으면 불가능했습니다. 이러한 협력은 단순한 기술 결합이 아니라 집단이 공유한 질서와 목적을 드러내는 행위였습니다.

고딕 성당도 협력과 분업의 대표적 사례입니다. 노트르담 대성당만 보아도 건설은 12~14세기에 걸쳐 수 세대 동안 이어졌습니다. 목수, 석공, 유리공, 화가가 협력하지 않으면 성당은 완성될 수 없었습니다. 섬세한 조각과 창문 하나에도 서로 다른 직능의 손길이 맞물려 있었으며, 그 결과는 예배 공간을 넘어 공동체 전체가 참여한 신앙의 기념비가 되었습니다. 건설은 한 시대의 기술과 제도가 총체적으로 결합된 결과였습니다.

현대 건설도 다르지 않습니다. 초고층 빌딩은 건축설계, 구조기술, 기계·전기 설비, 환경공학, 정보통신기술이 복합적으로 작동해야 하며, 지하철과 고속철도는 수많은 공정이 정밀하게 조율되지 않으면 완공될 수 없습니다. 나아가 안전관리, 환경평가, 법적 규제, 금융 조달까지 얽혀 있습니다. 건설은 단순한 물리적 성취가 아니라, 협력과 분업의 능력이 사회 전체에서 어떻게 발휘되는지를 보여주는 거울입니다.

건설은 인간 활동의 가장 집단적 형태라 할 수 있습니다. 인간은 스스로 만든 인공물 속에서 삶을 이어가며, 그 과정은 언제나 여러 사람의 손길이 모일 때 비로소 가능했습니다. 건설은 개인의 능력을 넘어서는 영역에서 협력과 분업이 새로운 세계를 열어 가는 대표적 사례입니다. 따라서 건설은 단순히 구조물을 완성하는 작업을 넘어, 집단적 지혜와 협력의 총체적 표현이자 인류가 함께 살아가는 방식을 드러내는 장면입니다.

상징과 집단의 기억

건설은 또한 집단의 기억을 새기고 상징을 남기는 행위였습니다. 거대한 구조물은 단순히 기능적 목적을 넘어, 공동체가 자신들의 이야기를 후대에 전하려는 기념비적 시도였습니다. 피라미드는 파라오의 무덤일 뿐만 아니라, 죽음을 넘어 영원을 꿈꾸었던 집단적 신념을 상징했습니다. 만리장성은 국경을 지키려는 방어 구조물이었지만, 동시에 공동체가 품었던 두려움과 결의를 돌의 하나하나에 각인한 거대한 서사였습니다. 이러한 기억은 단순히 눈앞의 생존을 위한 것이 아니라, 공동체가 자신들의 존재 이유를 확인하려는 집단적 선언이기도 했습니다.

유럽의 대성당은 하늘을 향한 첨탑과 빛을 품은 스테인드글라스를 통해 신앙을 공간 속에 형상화했습니다. 성당은 예배당이자 동시에 공동체가 신에게 바치는 집단적 기억의 저장소였습니다. 불국사의 석가탑이나 바벨론의 지구라트 역시 특정 권력자의 성취라기보다, 공동체가 공유한 세계관을 물질로 남긴 상징적 구조물이었습니다. 이처럼 건설은 단순히 생활의 편의를 위한 산물이 아니라,

사람들이 세계를 이해하고 초월을 꿈꾸던 정신을 돌과 나무, 벽돌 속에 새겨 넣은 기록이었습니다.

근대 이후에도 건설은 여전히 기억을 각인하는 방식으로 기능했습니다. 파리의 에펠탑은 1889년 만국박람회의 전시물로 건립되었고, 당시 세계 최고 높이의 구조물로 근대 공학의 자부심을 드러냈습니다. 뉴욕의 엠파이어 스테이트 빌딩은 미국 대공황기에 세워졌으며, 미국의 도전 정신을 상징하는 건물로 자리 잡았습니다. 한국의 고속도로와 댐 건설은 전후 재건과 경제성장의 의지를 집약한 결과물이었습니다. 각각의 구조물은 단순한 실용적 산물이 아니라, 공동체가 특정 시대에 어떤 꿈을 꾸었고 무엇을 희망했는지를 말해주는 상징물이었습니다.

건설은 집단의 기억을 물질화하는 과정이었습니다. 공동체는 구조물을 통해 자신이 누구였는지, 무엇을 지향했는지를 증언했습니다. 구조물과 도시공간은 언제나 단순한 기능을 넘어, 사회가 형성한 힘과 질서를 드러내는 장이 되었고, 동시에 공동체의 기억을 저장하고 전달하는 매개가 되었습니다. 따라서 건설은 기능적 성취를 넘어, 시대정신과 집단의 정체성을 담아내는 상징적 행위였으며, 과거와 현재를 잇고 미래를 향해 나아가는 집단적 기억의 다리였습니다.

사회적 합의가 빚어낸 공간과 인프라

그렇다고 건설을 상징과 기억만으로 설명할 수는 없습니다. 공동체의 합의가 더해질 때 비로소 건설은 사회적 의미를 갖습니다. 시장, 학교, 병원, 도서관과 같은 공간은 사회적 합의와 공동체의 가치 속에서 태어났습니다. 그것은 사람들이 어떤 삶을 함께 꾸려갈 것인가를 결정하는 과정에서 나온 합의의 산물이었으며, 공동체가 추구하는 목표와 규범이 물질적 형태로 드러난 사례였습니다.

고대 아테네의 아고라는 시민들이 토론하고 교류하며 공무를 처리하던 도시의 중심 시장·집회 공간이었고, 로마의 포룸 로마눔은 개선식, 연설, 선거, 재판, 거래 등 공적 활동이 집중된 도시의 핵심 공간이었습니다. 이처럼 건설은 공동체가 자신을 스스로 드러내고 유지하는 데 필요한 공적 기반을 마련하는 구체적 행위였습니다.

근대에 들어서면서 다양한 공공 건축물과 인프라가 여론과 시민의식을 구현하는 장치로 등장했습니다. 학교는 단순한 교육장이 아니라 한 사회가 지식을 어떻게 전수할 것인가를 보여주는 제도적 토대였고, 병원은 생명과 존엄을 지키려는 사회적 태도를 드러내는 필수 공간이었습니다. 이러한 건축물과 기반 시설은 개인의 필요를 넘어 공동체 전체가 공유하는 가치와 합의의 표현이었으며, 사회적 합의가 물질적 실체로 변환된 결과였습니다.

현대 도시에서도 인프라와 생활공간은 사회적 합의의 결정체로 남아 있습니다. 공원과 도서관은 여가와 지식 접근에 대한 권리를 보장하는 장치이고, 지하철역은 이동권과 시간의 공정한 분배를 가능하게 하는 기반입니다. 공공주택은 사회적 약자를 배려하는 합의를 바탕으로 존재하며, 의료·복지 시설은 공동체가 생명과 안전을 어떻게 지켜낼 것인지에 대한 사회적 결정을 구체화합니다. 즉, 건설은 물리적 설계 이전에 이미 사회적 상상 속에서 먼저 '필요한 공간과 인프라'를 정의하는 합의로부터 시작됩니다.

이를 종합하면, 회관·학교·도서관과 같은 건축물은 단순한 기능적 장소가 아니라 공동체의 합의와 소통이 제도화된 건축적 결정체입니다. 다시 말해, 건설은 사회가 스스로의 정체성과 가치를 드러내는 물리적 증거이자 사회적 토대이며, 그 합의가 지속될 수 있도록 물질적 기반을 마련하는 행위였습니다.

함께 짓는 힘, 미래를 열다

오늘날 건설 역시 집단의 산물입니다. 초고층 건물, 지하철, 댐과 같은 대형 프로젝트는 설계자와 기술자, 노동자, 행정가, 금융가, 시민들의 협력이 어우러져야만 가능합니다. 한 사람의 구상이나 특정 집단의 힘만으로는 결코 실현될 수 없습니다. 수많은 이해관계와 전문 지식이 모여야만 건물이 세워지고, 도시는 유지됩니다. 현대 건설은 단순히 공간을 창조하는 수준을 넘어, 안전·환경·지속가능성을 고려하지 않으면 안 됩니다. 더 이상 건설은 물리적 완공으로 끝나는 것이 아니라, 이후의 사용과 유지, 사회적 영향까지 책임져야 하는 총체적 행위로 확장되고 있습니다.

기후위기와 도시 문제는 건설의 집단성을 더욱 선명하게 드러냅니다. 친환경 건축, 탄소중립 사회 기반 구조물, 재생에너지 인프라 구축은 어느 한 기업이나 개인이 독자적으로 해결할 수 없는 과제입니다. 국가 간 협력, 정책적 합의, 기술 공유가 뒷받침되지 않으면 불가능합니다. 이는 건설이 단순한 산업 활동이 아니라, 인류 전체가 직면한 공동의 문제를 해결하는 수단임을 의미합니다.

앞으로의 건설은 단순히 건물과 인프라를 짓는 행위가 아니라, 어떤 미래를 함께 그려갈 것인가를 결정하는 과정이 될 것입니다. 디지털 트윈, 스마트시티, 모듈러 건축과 같은 신기술은 집단적 협력이 없으면 실현되지 않습니다. 새로운 기술은 효율성과 편리함을 제공하지만, 그것을 어떻게 사용할지는 사회적 합의와 집단적 선택에 달려 있습니다. 다시 말해 건설의 본질은 기술에 있지 않고, 그것을 어떤 삶의 방식과 가치에 맞추어 구현할 것인가에 있습니다.

건설은 과거에도, 현재에도, 미래에도 여전히 함께 짓는 힘으로 존재할 것입니다. 우리가 세우는 도시와 구조물은 단순한 기술적 성취가 아니라, 공동체가 어떤 삶을 꿈꾸는가를 드러내는 사회적 선언이 됩니다. 건물은 단순히 벽과 지붕이 아니라, 우리가 지향하는 가치와 미래상을 담아내는 그릇입니다. 따라서 건설의 집단적 본질은 미래를 여는 열쇠이며, 이를 통해 인류는 위기를 넘어 새로운 가능성을 향해 나아갈 수 있습니다. 건설은 결국 함께 짓는 힘으로 미래를 창조하는 행위인 것입니다.

건설산업의 자아自我를 상상하다

산업에도 자아가 있는가?

우리는 흔히 산업을 구조와 수치로 정의합니다. 연간 시장 규모, 고용 인원, GDP 기여도와 같은 지표는 산업을 설명하는 주요 언어처럼 쓰입니다. 그러나 수치는 산업의 겉모습만 보여줄 뿐, 그 안에 담긴 본질과 사회와의 관계를 다 말해주지는 못합니다. 산업은 숫자를 넘어, 국가의 미래와 개인의 삶에 실질적 영향을 미칩니다. 한 산업이 지닌 자아는 단순히 경제적 성과가 아니라, 그것이 사회 속에서 어떤 의미를 지니는지를 보여주는 내면의 얼굴과도 같습니다.

그렇다면 산업에도 자아가 있을까요? 인간이 자아를 통해 자신을 성찰하듯, 산업도 자신을 스스로 바라보는 눈과 존재 이유를 묻는 의식을 가질 수 있습니다. 사회와 관계 맺는 방식, 자신이 어떤 역할을 하고 있는지에 대한 성찰, 앞으로 어떤 미래를 준비할 것인지가 여기에 포함됩니다. 산업은 단순히 외부의 요구를 따르는 도구가 아니라, 내면을 지니고 응답하는 주체로 상상될 수 있습니다.

우리는 그것을 '산업의 자아'라 부를 수 있을 것입니다.

이 물음은 단순한 수사修辭가 아닙니다. 산업을, 자아를 지닌 존재로 본다면, 그 산업이 어떤 태도로 사회와 관계를 맺고 어떤 미래를 설계하는지를 다시 묻게 됩니다. 특히 건설산업의 경우, 단순히 인프라를 구축하는 기술적 주체가 아니라, 사회적 가치와 문화적 기억을 짓는 존재로 이해될 수 있습니다. 건설의 자아는 도면이나 구조물에만 있지 않고, 그것을 통해 형성되는 공동체적 경험 속에 자리합니다.

따라서 건설산업이 자아를 가진 존재라면, 지금은 어떤 상태이며 앞으로 어떤 모습으로 거듭나야 할까요? 오늘날 위기는 경기침체나 제도적 제약을 넘어, 자신을 스스로 정의하는 언어와 서사를 잃어버린 데서 비롯되었을 수 있습니다. "왜 짓는가?"라는 질문이 사라지고, "얼마나 빨리, 얼마나 싸게 짓는가?"가 앞세워진 지금, 산업은 자기 성찰을 통해 자아를 다시 세워야 할 필요에 직면해 있습니다.

바로 이 지점에서 '산업의 자아'라는 질문은 건설산업을 단순한 경제 영역을 넘어, 사회와 문명 속에서 다시 성찰하게 하는 중요한 출발점이 됩니다. 자아를 묻는다는 것은, 곧 존재 이유를 새롭게 정의하는 일입니다. 건설산업이 어떤 자아를 선택하느냐에 따라, 이 산업이 앞으로 사회와 맺을 관계와 미래의 방향이 달라질 것입니다.

흔들리는 정체성, 도착하지 않은 새로운 자아

자아란, 자신을 자신으로 인식하는 힘입니다. 인간이 자아를 통해 성장하듯, 산업도 자아를 통해 시대 변화에 능동적으로 대응할 수 있습니다. 정체성을 가진 산업은 사회와의 관계 속에서 자신만의 언어와 서사를 만들어냅니다.

한때 건설산업의 자아는 분명했습니다. 국토를 개척하고 도시를 설계하며 사회 기반을 구축한다는 자의식이 그것입니다. '우리는 국가를 짓는 사람들이다'라는 말은 건설인의 자부심을 압축적으로 보여주었습니다. 도로, 하천, 주거 단지는 단순한 시설물이 아니라 국가적 비전과 사회적 꿈을 구현하는 실천이었습니다. 이 시기 건설산업의 자아는 국가 발전과 동일시되었고, 건설인은 역사적 사명을 수행하는 존재로 자신을 스스로 인식했습니다.

하지만 지금은 그 자아가 흔들리고 있습니다. 도시화는 이미 포화 상태에 이르렀고, 개발은 환경 파괴와 불평등이라는 비판을 받습니다. 인구 감소와 사회 구조 변화는 건설의 전통적 자아를 무력화시켰습니다. 여전히 구조물을 세우지만, 그것이 누구를 위한 것이며 어떤 삶을 지탱하는지는 설명되지 않습니다. 건설의 목적을 묻는 근본적 성찰은 사라지고, 대신 얼마나 빠르게 공정을 끝낼 수 있는지가 우선적 과제가 되었습니다. 또한, 공동체의 삶을 지탱하는 의미보다 얼마나 많은 이윤을 남길 수 있는지가 더 중요한 가치로 떠오르고 있습니다. 지금 건설산업은 과거의 자아를 상실했지만, 새로운 자아는 아직 정립되지 못한 채 과도기에 머물러 있는 것으로 보입니다.

따라서 산업은 다시 근본적 질문을 던져야 합니다. 자신의 정체성은 무엇이며, 어떤 가치를 구현하고 누구의 삶을 지탱하고 있는지를 성찰해야 합니다. 이 질문에 답하지 못한다면 산업은 변화의 파도 앞에서 방황하거나 방어적 태도만 반복하게 될 것입니다. 결국 새로운 자아를 찾지 못한다면, 산업은 존재 이유를 의심받으며 쇠퇴의 위험에 직면할 수 있습니다. 이는 과거 농업 사회에서 산업 사회로 넘어가던 전환기와도 닮았습니다. 오늘의 건설산업 또한 단순한 성장의 언어만으로는 설명되지 않습니다.

여기에 더해 중요한 것은, 새로운 자아는 언어와 태도 속에서만 구체화 될 수 있다는 사실입니다. 자아를 잃은 산업은 방향을 잃은 배와 같지만, 새로운 언어를 선택하고 새로운 태도를 정립할 때 비로소 항로가 열립니다. 그리고 그 과정은 사회와 맺는 관계 속에서 시험받습니다. 공동체와 환경, 미래 세대와의 책임까지 포함하는 새로운 자아를 세워야만 문명을 지탱하는 기반이 될 수 있습니다.

건설산업의 자아는 언어와 태도에 있다

자아는 추상적 사유가 아니라 구체적 태도의 문제입니다. 자아는 언어와 행동을 통해 드러나며, 산업이 자신을 어떻게 정의하는지에 따라 사용하는 언어와 실천 방식은 달라집니다. 언어는 단순한 소통 수단이 아니라 정체성을 드러내는 창입니다.

만약 건설산업이 여전히 자신을 '구조물을 세우는 산업'으로만 규정한다면, 언어는 공정률, 원가, 준공일, 수익률과 같은 숫자에 갇힐 것입니다. 이는 건설을 단순한 생산 도구로 축소시켜 공동체적 의미를 지워 버립니다. 물론 숫자와 지표는 중요하지만, 그것만으로는 사회적 관계나 미래를 향한 비전을 설명하지 못합니다. 산업이 자신을 스스로 어떤 언어로 설명하는가에 따라 사회가 건설을 바라보는 태도 또한 달라집니다.

그러나 건설은 단순한 구조물 생산을 넘어섭니다. 건설은 삶의 공간을 만들고, 도시의 미래를 형성하며, 공동체의 기억과 가치를 담아내는 행위입니다. 병원과 학교, 광장과 다리는 단순한 기능물이 아니라, 사회가 지향하는 철학과 시대정신을 담은 그릇입니다. 따라서 건설산업의 자아는 기술적·경제적 계산으로만은 설명될 수 없고, 사회적 의미와 문화적 책임을 품은 복합적 실천으로 이해되어야 합니다.

새로운 자아는 기술보다 의미를, 속도보다 지속성을, 효율보다 신뢰를 우선합니다. 언어가 바뀌면 태도가 달라지고, 태도가 달라지면 행동이 달라집니다. 무엇을 위해, 누구를 위해 건설하는지를 묻는 언어가 앞세워질 때, 산업의 실천은 단순한 공정 관리에서 사회적 책임으로 확장됩니다. 그렇게 변한 언어는 산업의 이미지를 바꾸고, 사회가 건설을 대하는 시선을 변화시킵니다. 최근의 ESG 경영과 지속가능성 담론은 산업이 새롭게 선택한 언어이며, 태도 변화의 구체적 시도라 할 수 있습니다.

결국 건설산업의 미래는 기술 혁신만이 아니라 언어와 태도의 혁신에서 출발합니다. 과거 '국가를 세운다'라는 언어가 건설인의 정체성을 지탱했다면, 오늘날에는 신뢰, 안전, 존엄, 공존 등이 새로운 시대정신의 언어가 되어야 합니다. 이것이야말로 산업의 자아를 새롭게 갱신하는 길이며, 공동체와의 관계 속에서 새로운 정당성을 세우는 출발점이 될 것입니다.

관계 속에서 완성되는 자아

자아는 고립된 상태에서 형성되지 않습니다. 인간의 자아가 타자와의 관계 속에서 성장하듯, 산업의 자아도 사회와의 상호작용 속에서 완성됩니다. 사회가 산업을 어떻게 바라보는지, 시민이 산업을 어떻게 경험하는지가 자아를 규정합니다. 산업 내부의 자기 성찰만으로는 충분하지 않으며, 사회적 맥락 속에서 끊임없이 조율되고 갱신될 때 비로소 자아는 힘을 가집니다.

그러나 오늘날 건설산업과 사회의 관계는 불신과 거리감으로 얼룩져 있습니다. 건설은 시끄럽고 위험하며 불편을 주는 존재로 여겨집니다. 산업재해와 부실공사 사례가 반복적으로 언론에 오르내리면서, 건설산업은 감시와 비판의 대상이 되었습니다. 이는 외부의 평가이면서 동시에 내부 자아의 부재를 드러내는 징표입니다.

자아가 없는 존재는 타인의 시선에 쉽게 흔들립니다. 비난 앞에서 위축되거나, 반대로 극단적으로 자기중심적 태도를 보입니다. 이는 사회와의 거리를 넓히며 악순환을 만듭니다. 반대로 자아를 가진 존재는 자기 이유를 설명할 수 있고, 변화의 요구 앞에서도 자기 언어로 응답할 수 있습니다. 시민의 불편과 비판을 대화와 개선의 언어로 전환하는 힘이 바로 자아에서 비롯됩니다.

따라서 건설산업은 자아를 회복해 사회와의 관계를 새롭게 세워야 합니다. 시민을 신뢰하고, 스스로의 역할과 책임을 다시 인식하는 것에서부터 출발해야 합니다. 이는 단순한 이미지 개선이 아니라, 존재 이유를 재확인하는 과정입니다. 명확한 자아는 신뢰 관계의 토대가 되고, 산업이 자아를 확립할 때 사회와의 관계는 단절이 아니라 공존으로 전환됩니다.

궁극적으로 건설산업의 자아는 사회 속에서 시험받습니다. 도로와 다리, 주거 단지는 단순한 구조물이 아니라 시민이 매일 경험하는 삶의 무대입니다. 사람들이 그 공간을 통해 건설을 긍정적으로 경험할 때 산업의 자아는 사회 속에 자리 잡게 됩니다. 이것은 앞서 다룬 '함께 짓는 힘'의 논의와도 이어집니다. 건설산업이 관계 속에서 자아를 세우는 일은 공동체와 함께 미래를 짓는 일이자, 곧 '좋은 산업'으로 나아가기 위한 필수 과정이며, 그 안에서 신뢰와 존엄이 산업의 핵심 언어로 자리하게 됩니다.

'좋은 산업'이라는 미래 서사

산업의 자아를 상상한다는 것은 결국 어떤 존재가 되기를 바라는가를 묻는 일입니다. 기술적 정교함과 경제적 효율만으로 충분할까요? 건설산업은 그 너머에서 '좋은 산업'이 될 수 있는지를 물어야 합니다. 여기서 '좋다'는 말은 단순한 수사가 아니라 사회적 신뢰와 윤리적 정당성을 포함하는 언어입니다. 산업이 어떤 단어로 자신을 스스로 설명하는가는 곧 사회와 맺는 관계를 규정합니다.

'좋은 산업'은 자기 성찰이 가능한 산업입니다. 자신의 행위가 사회와 타자에게 어떤 영향을 미쳤는지 돌아볼 줄 아는 능력, 사람들의 삶을 이해하고 공간의 가치를 존중하는 태도, 책임과 감수성을 지닌 실천이 필요합니다. 건설산업은 단순히 구조물을 완성하는 데 그치지 않고, 그 속에서 살아갈 사람들의 삶을 함께 짓는 주체라는 사실을 자각해야 합니다. ESG 경영, 지역 협력, 지속가능한 인프라는 이러한 자아를 실천하는 구체적 언어이자 실천적 기반입니다.

'좋은 산업'이라는 서사는 위기 속에서 산업이 어떤 태도를 보일지를 결정합니다. 기술보다 먼저 방향을 고민하고, 변화에 태도로 응답할 줄 아는 산업, 바로 그것이 자아를 가진 산업입니다. 자아가 달라지면 혁신을 수용하는 방식, 공동체와의 관계, 미래를 준비하는 태도도 달라집니다. 이는 이상적 구호가 아니라 사회적 정당성을 유지하기 위한 생존 조건입니다. 한때 건설산업이 국가 발전의 상징이었다면, 이제는 지속가능성과 신뢰라는 새로운 서사 없이는 미래를 열 수 없습니다.

건설산업의 자아는 아직 완성되지 않았습니다. 과거의 자아는 시대와 어긋났고, 새로운 자아는 스스로 써야 합니다. 그것은 수치의 문제가 아니라 서사와 존재의 문제입니다. 이제 건설산업은 자신이 누구인지, 왜 존재하는지, 어디로 향하는지를 분명히 말할 수 있어야 합니다. 그 말은 곧 산업의 서사가 되고, 시대와 관계가 되며, 미래를 여는 힘이 됩니다. 우리가 상상해야 할 자아는 단순한 이미지가 아니라, 공동체와 함께 살아가는 '좋은 산업'이라는 서사입니다. 그리고 그 서사는 미래를 위한 희망에 머물지 않고, 지금 여기에서 책임과 태도로 실천되어야 합니다.

건설산업의 존재 가치는 무엇인가?

존재 가치를 묻는다는 것

무언가의 존재 가치를 묻는다는 것은 단순히 그것의 유무를 판정하는 일이 아닙니다. 그것이 어떤 삶을 가능하게 하고, 어떤 세계를 형성하는지를 성찰하는 일입니다. 건설산업도 마찬가지입니다. 건설은 너무 익숙해 때로는 보이지 않는 배경이 됩니다. 그러나 평소 당연하게 여겼던 도로와 다리가 끊기고 전력망이 중단되는 순간, 우리는 그 부재 속에서 건설의 존재 가치를 절실히 깨닫습니다.

하지만 부재의 순간에만 가치를 확인하는 것으로는 충분하지 않습니다. 질문은 더 근본으로 향해야 합니다. 건설산업은 무엇을 위해 존재하는가? GDP의 일정 비율을 차지하기 때문인가, 고용과 투자를 유발하기 때문인가. 그것만으로는 설명되지 않는 인간적·철학적 차원의 이유가 있다면, 우리는 그 의미를 어떤 언어로 설명하고 어떻게 계승할 것인가를 물어야 합니다.

건설산업의 존재 가치를 묻는 일은 단순한 경제 지표나 효율성의 문제를 넘어섭니다. 그것은 우리가 어떤 사회를 지향하는지, 그리고 그 사회 속에서 어떤 삶을 이루고자 하는지를 되돌아보게 합니다. 건설이 만들어내는 공간과 기반은 단순한 기능의 집합이 아니라, 사람과 공동체의 꿈과 기억을 담는 그릇이기 때문입니다. 도로와 병원은 단순히 이동과 치료의 수단을 넘어, 한 사회가 안전과 존엄을 얼마나 소중히 여기는지를 보여줍니다.

따라서 존재 가치에 대한 질문은 숫자와 효율을 넘어, 의미와 책임의 언어로 건설을 다시 쓰려는 시도입니다. 이 질문을 던지는 순간, 건설은 단순한 산업이 아니라 사회와 문명을 지탱하는 주체로서 재인식됩니다. 더 나아가 존재 가치의 탐구는 건설산업이 스스로의 정체성을 새롭게 정의하고, 시대정신과 호흡하는 길을 찾도록 이끄는 출발점이 됩니다. 그것은 단순히 과거의 성취를 기념하는 일이 아니라, 미래를 향해 어떤 사회적 책임과 비전을 선택할 것인지를 결정하는 근본적 성찰의 과정입니다.

공간과 구조물을 통한 문명

인류는 공간을 짓고 구조물을 세우는 행위를 통해 문명을 만들어 왔습니다. 최초의 거주지에서 공동체의 광장으로, 성벽과 수로에서 다리와 탑으로, 사원과 궁전에서 오늘의 병원, 학교, 도서관에 이르기까지, 짓는 행위는 자연 위에 질서를 세우고 세계에 의미를 부여해 왔습니다. 이집트의 피라미드는 단순한 석축이 아니라 죽음 이후의 삶을 상상한 건축이었고, 메소포타미아 문명의 관개시설은 농업 편의를 넘어 국가 운영의 핵심 조건 가운데 하나였습니다. 건설은 생존과 권력, 그리고 인간의 정신적 세계가 교차하는 자리에서 문명을 형성해 왔습니다.

문명은 물질적 필요와 정신적 상상력의 결합에서 성장했습니다. 도시가 문명의 무대가 되었고, 그 도시를 떠받친 것은 정교한 기반 시설이었습니다. 상하수도, 도로망, 방재체계, 항만, 교량과 같은 구조물은 사람들의 안정적 생활과 장기적 번영을 가능하게 하는 토대가 되었습니다. 동시에 이 기반은 단순한 생활 편리를 넘어, 사회가 추구하는 가치와 비전을 물리적 형태로 고정시키는 장치이기도 했습니다. 도시의 거리와 광장, 건축물과 기반 시설에는 단순한 기능을 넘어선 의미가 각인되며, 그것은 곧 시대정신을 반영하는 상징이 되었습니다.

오늘날에도 이러한 역할은 계속됩니다. 지하 배수 라인, 정화 시설과 같은 보이지 않는 인프라는 도시의 혈관처럼 작동하며 일상을 지탱합니다. 동시에 교량과 제방, 방재 터널은 눈에 보이는 안전과 연결의 상징이 됩니다. 더 나아가 기후위기와 도시 노후화에 대응하는 재생 기술은 문명이 자신을 스스로 보존하고 갱신하는 힘으로 작동합니다.

건설산업의 존재 가치는 바로 이처럼 지속성과 복원력 속에서 드러납니다. 새로운 공간을 창조하는 일과 기존의 기반을 보존하고 재구성하는 일은 함께 문명의 수명을 연장하고 미래의 가능성을 열어줍니다. 건설은 단순한 구조물의 집적이 아니라, 문명이 자기 자신을 유지하고 다음 세대로 전해 주는 방식이기도 합니다.

국가를 지탱하는 손길

국가는 물리적 기반 없이는 존재할 수 없습니다. 추상적 영토 개념이 실제 공간으로 구현되는 데에는 언제나 건설의 손길이 필요합니다. 도로와 터널, 철도와 공항, 댐과 제방 등의 인프라는 기능적 효율을 넘어 국가의 실체와 신뢰를 구성합니다. 시민은 거대한 정책 담론보다 도로의 품질, 수돗물의 안전, 병원 접근성과 같은 일상의 기반을 통해 국가를 매일 경험합니다. 국가라는 추상적 체계가 구체적 체감으로 다가오는 순간, 그 배경에는 늘 건설이 있습니다.

고대 로마가 여전히 '문명의 상징'으로 기억되는 이유는 철학과 정치뿐만 아니라 도로망과 수도, 공공시설과 같은 기반이 남긴 생활의 흔적 때문입니다. 로마는 길과 물을 통해 제국을 확장하고 공동체를 유지했습니다. 우리 현대사에서도 건설은 전후 복구와 산업화를 이끈 고속도로와 전력·수자원 인프라를 통해 국가의 자립과 도약을 가능케 했습니다. 건설은 국가의 존재감을 실질적으로 증명하는 언어였습니다.

오늘날의 건설은 단지 과거의 국가 성장 신화를 반복하는 것이 아니라, 새로운 요구에 응답해야 합니다. 탄소중립과 기후위기 대응, 재난 회복과 사회 안전망 확충, 수도권과 지방의 균형발전은 모두 국가적 과제이며, 건설의 뒷받침 없이는 실현되기 어렵습니다. 이처럼 건설은 국가가 시민에게 약속한 미래를 구체적 형태로 실현하는 손길입니다. 동시에 그 과정은 단순한 성과의 축적이 아니라, 국가와 시민 사이의 신뢰를 다시 확인하는 상호 약속이기도 합니다. 건설의 존재 가치는 바로 이 지점에서 가장 분명하게 드러납니다.

사회적 공동체를 연결하는 힘

사회는 관계의 그물망입니다. 그 관계가 제대로 작동하려면 사람들이 만나고 머물 수 있는 장소, 곧 공공공간이 필요합니다. 건설은 바로 그 만남의 조건을 설계합니다. 광장과 시장, 학교와 병원, 도서관과 복지관, 공원과 보행 네트워크는 사람들이 자연스럽게 마주치고 함께 살아간다는 감각을 키우는 무대입니다. 건설은 단순히 시설을 짓는 일이 아니라, 사람들 사이에 통로를 열어주는 일입니다.

건강한 사회란, 다양한 사람들이 차별 없이 이용할 수 있는 공간이 마련된 사회입니다. 아이와 노인, 장애인과 이주민까지 누구든 불편 없이 접근할 수 있도록 설계된 유니버설 디자인Universal Design, 장애물을 줄인 배리어 프리Barrier free 개념, 생활권 단위의 공공 서비스 배치, 탄소중립을 지향하는 도시 구조는 건설이 단순한 기술 산업을 넘어 철학과 가치관을 담는 영역임을 보여줍니다. 이러한 철학은 단순히 건축가나 기술자의 몫이 아니라, 사회 전체가 어떤 도시와 어떤 삶을 바라는가에 대한 집단적 합의의 결과이기도 합니다.

공간이 누구의 관점에서 설계되었는가에 따라 사회의 모습은 크게 달라집니다. 경사로 하나, 골목의 조명, 마을버스 정류장의 그늘막과 같은 작은 배려가 사회적 관계의 결을 바꿉니다. 더 나아가 특정 집단만을 위한 폐쇄적인 공간이 아니라 누구나 접근가능한 열린 공간이 마련될 때 사회는 더욱 평등해집니다. 또한, 그러한 공간은 단순한 이동과 머무름의 장소를 넘어, 사람들 사이에 신뢰와 존중을 키우는 상징적 무대가 됩니다.

건설산업의 존재 가치는 바로 이러한 연결을 만들어내는 힘에서 드러납니다. 그 연결은 사회적 신뢰와 상호 돌봄의 바탕을 형성합니다. 건설은 공동체의 얼굴을 만들어내는 일이자, 그 표정은 우리가 어떤 사회를 선택하고 지향하는지를 보여줍니다. 결국 건설은 기능적 구조물의 축적이 아니라, 사회가 어떤 관계망을 형성하고 어떤 방식으로 함께 살아가고자 하는지를 드러내는 가장 구체적인 언어라 할 수 있습니다.

개인의 삶을 지탱하는 기반

우리는 건설의 결과물 속에서 살아갑니다. 아침에 눈을 뜨는 방, 출근길의 보도와 지하철, 점심의 식당, 퇴근 후의 근린공원까지, 건설은 하루의 동선과 리듬을 조직합니다. 너무 익숙해 배경처럼 사라진 편리, 이를테면 물이 흐르는 수도와 밤을 밝히는 가로등, 정시에 도착하는 지하철과 같은 것은 그것이 멈추는 순간에야 존재의 무게를 드러냅니다. 일상의 평온은 이처럼 보이지 않는 기반 위에서 유지됩니다.

개인의 행복은 내적 요인만으로 설명되지 않습니다. 그것을 떠받치는 물리적 조건이 무너지면 내면의 평온도 오래 버티기 어렵습니다. 안전하고 편리한 공간, 쾌적하며 누구나 접근가능한 환경, 위험으로부터 보호받을 수 있는 구조물은 삶의 질을 결정짓는 핵심 요소입니다. 건설은 이러한 조건들을 설계, 시공, 유지관리로 현실화하며, 이는 곧 존엄과 자율성을 뒷받침하는 기반이자 스스로의 삶을 선택할 자유를 가능케 하는 토대가 됩니다.

재난과 위기 상황에서는 건설의 가치가 더욱 분명해집니다. 제방과 방재 터널, 대피소, 긴급 진입로, 병상과 전력망의 대응 설계는 단순한 구조물이 아니라 생명을 지키는 최후의 장치입니다. 그것이 제 기능을 할 때 사람들은 삶을 이어갈 희망을 회복하고, 공동체는 위기 속에서도 지속성을 유지합니다. 또한, 노인, 어린이, 장애인 등 사회적 약자를 보호하는 시설은 사회의 성숙도를 보여주는 지표이기도 합니다.

결국 건설의 존재 가치는 추상적 담론이 아니라 가장 현실적이고 구체적인 삶의 조건을 제공한다는 점에 있습니다. 우리가 무심히 지나치는 벽과 길, 교량과 공원은 인간의 존엄을 떠받치는 기반이며, 그 의미는 다른 제도적 장치보다 더 직접적이고 실질적입니다. 건설을 묻는 일은, 곧 우리가 어떤 삶을 영위할 수 있는지를 묻는 것과 다르지 않습니다.

건설, 그 존재 가치를 다시 바라보다

존재 가치를 묻는다는 것은 단순히 효율과 필요의 계산을 넘어, 우리가 무엇을 소중히 여기며 어떤 사회를 만들고자 하는가를 되묻는 일입니다. 건설은 기술적 작업인 동시에 우리의 삶의 질서를 짜는 힘입니다. 거리와 주거지, 병원과 학교, 재난을 대비하는 시설까지 우리가 매일 마주하는 수많은 환경은 건설을 통해 구체화 되고 유지됩니다.

흔히 건설을 '배경'으로 여겨지지만, 그 부재는 곧바로 드러납니다. 길이 끊기고 물이 멈추는 순간, 우리는 건설이 단지 겉모습을 쌓는 일이 아니라 일상의 연속성을 지탱하는 힘임을 깨닫습니다. 이 깨달음은 단순한 불편의 차원을 넘어, 한 사회가 유지되기 위해 얼마나 많은 기반이 필요하고, 그것이 얼마나 섬세하게 관리되어야 하는지를 드러냅니다. 따라서 질문은 자연스럽게 이렇게 모입니다. 우리는 어떤 연속성을 지키고 어떤 변화를 수용할 것인가? 그 선택은 공공성, 안전, 접근성, 신뢰와 같은 가치로 번역되어 설계와 시공, 운영과 관리라는 실천으로 이어집니다.

건설을 다시 바라본다는 것은, 곧 우리가 어떤 사회를 꿈꾸고 어떤 삶의 질서를 원하는지를 묻는 일이기도 합니다. 또한, 어떤 책임을 공유하며, 미래 세대에게 무엇을 남길 것인지에 대한 성찰을 요청합니다. 이러한 성찰은 건설이 단순히 오늘을 위한 구조물이 아니라, 내일을 살아갈 사람들을 위한 약속이라는 점을 일깨워 줍니다. 존재 가치는 결코 우연히 성립하지 않습니다. 그것은 누군가의 선택과 기획, 판단과 실천을 통해 비로소 구체화 됩니다.

결국 건설의 존재 가치는 사람이 존엄하게 살아갈 수 있는 환경을 마련하고, 공동체가 함께 어울릴 수 있는 도시를 만들며, 문명이 오랫동안 지속될 수 있는 토대를 구축한다는 데 있습니다. 이러한 가치가 지켜질 때 건설은 단순한 산업이 아니라 사회적 신뢰를 여는 힘이 됩니다. 건설은 늘 우리의 일상 곁에서 조용히 작동하며, 날마다 그 의미와 책임이 시험받고 있으며, 그 과정을 통해 사회가 어떤 길을 선택하는지를 비추는 거울이 됩니다.

짓는 인간, 존재의 근원을 탐색하다

건설은 인간이 세상을 이해하고 관계를 맺는 방식의 표현이었습니다. 돌을 쌓고 공간을 나누며 인간은 단순히 생존을 넘어서 삶의 의미를 구조화했습니다. 집은 단순한 쉼터가 아니라 존재의 안식처였고, 다리와 길은 사람과 사람을 잇는 사회적 신뢰의 상징이었습니다. 이처럼 건설은 인간의 본능과 사유가 만나는 자리에서 태어난 문명의 언어였습니다.

이 본질은 오늘날에도 변하지 않았습니다. 기술이 진화하고 규모가 커져도, 건설은 여전히 인간의 욕망과 두려움, 그리고 공존의 꿈을 담고 있습니다. 인간은 불안한 자연 속에서 안전을 찾았고, 동시에 자신이 만든 공간 안에서 의미를 발견했습니다. 건설의 역사는 곧 인간이 세상을 이해하고자 한 철학적 여정이자, 함께 살아가기 위한 공동체의 실천이었습니다.

인문의 언어로 건설의 본질을 다시 묻습니다. 건설은 무엇을 위해 존재하며, 인간은 왜 짓는가? '호모 컨스트럭투스'라는 이름으로 표현되는 인간은 짓는 존재로서의 정체성을 가지고 있으며, 그 행위 속에 공동체의 기억과 문명의 흔적을 새깁니다. 한 시대의 건축은 그 사회의 정신을 반영하고, 한 도시는 그 문명의 가치관을 드러냅니다. 건설이 단순한 기술의 결과물이 아니라, 사회와 인간의 의지를 구체화한 정신적 산물임을 이해할 때 산업은 단순한 생산 체계를 넘어 문화적 기반으로 확장됩니다.

건설의 언어를 새롭게 읽어내는 일은 과거의 회고가 아니라 미래를 향한 근본적 질문입니다. 그 언어 속에는 단순한 기술과 구조의 논리뿐만 아니라, 인간이 세상을 이해하고 관계를 맺어온 방식이 숨어 있습니다. 건설의 언어가 사회의 언어로 번역될 때, 산업은 다시 사람과 시대의 목소리를 품고 공동체의 신뢰를 회복할 수 있습니다. 이 탐색은 단순한 의미 해석을 넘어, 미래의 건설이 어떤 인간적 가치를 품고 어떤 책임의 방향으로 나아가야 하는지를 묻는 사유의 출발점이 됩니다.

건설의 본질을 이해하는 일은 산업의 미래를 준비하는 첫걸음입니다. 그 본질이 인간의 존엄과 공동체의 지속에 닿아 있을 때 건설은 다시 사회의 신뢰를 얻고, 기술과 가치가 조화를 이루는 문명적 산업으로 나아갈 수 있습니다. 진정한 건설은 눈에 보이는 구조물이 아니라, 인간의 내면과 사회의 관계망 속에서 완성됩니다.

이제 우리의 시선은 건설의 내면으로 향합니다. 그 안에서 산업이 지닌 진짜 얼굴과 숨겨진 상처를 들여다보려 합니다. 건설의 본질을 직시한 뒤, 우리는 그것이 어떻게 흔들려 왔는지를 살피며 산업의 정신적 회복을 모색하게 될 것입니다. 그것이 바로 다음 여정, 건설산업의 내면을 성찰하는 사유로 이어지는 길입니다.

건설산업의 내면을 들여다보다

건설산업의 위기는 외부의 비난에서 비롯되지 않았습니다.
그 뿌리는 산업 내부의 사유 부재와 가치의 혼란 속에 있습니다.

건설이 없는 사회를 상상하며,
산업의 내면에 숨어 있는 상실의 의미를 짚어 봅니다.

건설의 역할과 가치가 어떻게 변해왔는지,
그리고 사회적 정당성과 윤리의 기준이
어떻게 흔들려 왔는지를 돌아봅니다.

보수성과 익숙함 속에 감춰진 산업의 본질을 다시 바라보며,
건설이 자신을 스스로 성찰해야 하는 이유를 사유합니다.

이 여정은 건설산업의 내면을 이해하는 동시에
그 본질적 회복의 길을 비추는 사유의 과정이 될 것입니다.

건설 없는 상실喪失의 사회를 상상하다

존재의 그림자에서 드러나는 건설의 본질

건설이 사라진 세상을 상상해 봅니다. 길은 이어지지 않고, 어둠이 내려앉아도 불빛 하나 켜지지 않습니다. 집도, 병원도, 학교도 없는 세계. 그곳에서 인간은 어디에서 태어나고, 어떻게 살아가며, 어떤 꿈을 꿀 수 있을까요. 단지 불편이 아니라, 존재의 조건 자체가 위협받는 상황입니다.

우리가 살아가는 공간과 환경은 대부분 건설의 산물입니다. 건축물이 사라진다는 것은 단순히 벽, 지붕과 같은 구조물이 없어지는 것이 아닙니다. 그 안에서 이루어지던 관계와 기억, 사회적 리듬까지 함께 붕괴되는 것을 의미합니다. 건설이 없는 세계는, 곧 인간이 삶을 영위하던 무대가 사라진 사회이며, 개인의 경험과 집단의 서사가 동시에 무너지는 사회입니다.

독일의 철학자 마르틴 하이데거Martin Heidegger가 말했듯, 존재의 의미는 일상에서 쉽게 잊히지만, 결핍이나 부재의 순간에 오히려 더 선명하게 드러납니다. 당연하게 여겼던 건설도 사라질 때 비로소 인간 삶의 기반이었음을 깨닫게 됩니다. 건설 없는 사회는 단순한 공간과 구조물의 결핍이 아니라, 사회 질서와 공동체의 토대가 무너지고, 미래를 상상할 힘조차 잃은 사회입니다. 이때 우리는 '짓는 행위'가 단순한 기술이 아니라 인간의 존엄과 사회의 지속성을 지탱하는 힘이었다는 사실을 뚜렷이 인식하게 됩니다.

이 부정적 상상은 추상적 상상에 머물지 않습니다. 전쟁이나 재난으로 건물이 파괴된 순간, 인간은 삶의 조건이 얼마나 쉽게 무너지는지 경험했습니다. 무너진 다리와 불탄 도시, 폐허로 변한 광장은 단순한 공간의 상실이 아니라 한 사회가 품었던 기억과 약속의 파괴였습니다. 폐허 속에서 삶을 이어가야 했던 이들의 경험은 건설이 단지 공간과 구조물을 제공하는 행위가 아니라, 인간다운 삶을 가능하게 하는 토대였음을 증언합니다.

따라서 건설을 사유한다는 것은 단순히 눈앞의 건축물과 구조물을 떠올리는 일이 아닙니다. 그것은 인간의 존엄과 사회의 연속성, 문명의 지속가능성을 떠받치는 근원적 힘을 되새기는 일이기도 합니다. 그리고 이 성찰은 곧 안전이라는 문제로 이어집니다. 존재가 위태로워질 때, 인간은 본능적으로 자신을 지키기 위한 공간과 구조물을 다시 짓기 시작하기 때문입니다.

안전의 상실, 자연 앞에 무방비로 선 인간

존재의 조건이 흔들리면 가장 먼저 무너지는 것은 안전입니다. 인간은 본래 연약한 존재였기에 언제나 외부의 위협으로부터 자신을 스스로 보호할 방법을 찾아야 했습니다. 움막을 짓고 성벽을 세운 것은 단순한 공간 확보가 아니라 생존을 지탱하기 위한 절박한 선택이었습니다. 벽과 지붕, 기둥과 문은 단순한 물체가 아니라 위험을 감지하고 대응한 본능적 지혜의 산물이었습니다.

고대의 많은 도시 국가는 방어 체계를 먼저 계획했습니다. 성곽과 방파제, 제방은 공동체가 두려움을 넘어 신뢰를 쌓아 올린 상징이었고, 시민들에게 심리적 안정감을 주었습니다. 높은 성벽은 외적을 막는 장벽이자 내부 구성원에게 연대 의식을 심어주는 장치였습니다. 건설은 집단의 힘이 모여야만 가능했고, 이 지점에서 단순한 노동을 넘어 문명의 표현으로 자리 잡았습니다.

만약 건설이 없다면 인간은 다시 바람과 폭우, 혹서와 혹한, 질병과 사고 앞에 무방비로 노출될 것입니다. 자연은 곧 적대적 환경으로 변하고, 인간은 문명 이전의 불안과 공포를 다시 마주하게 됩니다. 불빛 하나 켤 수 없고, 비를 피할 벽 하나 없는 삶은 단순한 불편이 아니라 존재 자체를 위협하는 조건입니다. 안전이 무너진다는 것은, 곧 삶의 질서가 무너진다는 뜻이며, 인간은 공포와 불확실성 속으로 밀려날 수밖에 없습니다.

안전이 보장될 때 비로소 인간은 생존을 넘어 교육과 예술, 철학과 제도 등의 문명적 성취를 이룰 수 있었습니다. 고대 그리스의 아고라나 중세의 광장이 토론과 교류의 장이 될 수 있었던 것도 기본적 안전이 보장되었기 때문입니다. 오늘날에도 내진 설계, 제방, 위생 시설은 모두 안전을 보장하기 위한 건설의 실천입니다.

건설은 단순히 물리적 방어를 넘어 사회적 신뢰와 심리적 안정을 구축하는 행위였습니다. 그것은 인간이 불안에서 벗어나 존엄을 지켜내는 문명의 언어이자 약속이었으며, 바로 이 안전 위에서 다음 단계의 가치인 존엄이 가능해졌습니다. 건설은 언제나 안전에서 시작해 존엄으로 이어지는 문명의 사다리였습니다.

존엄의 상실, 인간다움을 지탱하던 기반의 붕괴

안전이 무너지면 이어 흔들리는 것은 존엄입니다. 인간은 단순히 생존에 머물지 않고, 존엄을 추구하는 존재입니다. 단순히 숨을 쉬고 음식을 얻는 것만으로는 충분하지 않습니다. 인간은 언제나 '사람답게 산다' 라는 조건을 원했고, 그것을 가능케 한 토대가 바로 건설이었습니다. 집과 거리, 광장과 병원, 학교와 같은 공간은 단순한 배경이 아니라 인간다움을 규정하는 무대였고, 그 안에서 우리는 관계를 맺고 사회적 유대를 형성하며 미래를 꿈꾸어 왔습니다.

쾌적한 주거와 위생 시설은 인간의 품위를 지탱하는 최소 조건이었습니다. 무너지지 않는 건물, 불에 강한 자재, 피난 동선이 확보된 구조물은 안심할 수 있는 삶을 보장했습니다. 반대로 단열이 안 되는 방, 습기 찬 바닥, 환기조차 되지 않는 집은 사람을 무기력하게 하고 자존감을 떨어뜨립니다. 이는 단순한 불편이 아니라 존엄의 침식이며, 결과적으로 사회적 불평등을 확대합니다. 따라서 건설은 단순한 기술적 행위가 아니라 사회적 평등과 인간 존중을 구현하는 문명적 장치였습니다.

잘 설계된 주거는 단순히 편리함을 넘어 심리적 안정과 사회적 품격을 지탱하는 울타리가 됩니다. 근대 이후 본격적으로 보급된 수세식 화장실, 정수시스템, 하수처리과 같은 시설은 눈에 잘 드러나지 않지만 '사람답게 사는 삶' 을 가능케 한 최소 조건이었습니다. 이 조건이 무너질 때 존엄은 가장 먼저 타격을 입습니다. 단순히 생활의 불편이 아니라, 사회 구성원이 자신을 스스로 존중받는 존재로 인식할 수 있는 토대가 무너지는 것입니다.

존엄은 눈에 보이지 않는 기반 위에서 작동합니다. 안전이 보장될 때 존엄이 가능해지고, 존엄이 확보될 때 비로소 문명적 성취가 이어집니다. 따라서 건설은 안전에서 출발해 존엄으로 이어지는 인간다움의 사다리를 구축해 왔습니다. 건설이 멈추면 삶의 조건은 무너지고 존엄은 균열이 납니다. 이 균열은 개인의 불편에 그치지 않고, 사회 전체의 신뢰와 연대를 해체하는 위기로 확산됩니다.

결국 건설은 인간다움을 지탱하는 '존엄의 인프라'를 구축해 온 실천이었습니다. 오늘날의 건축법, 방재 기준, 공공주택 정책 등은 단순한 제도가 아니라 존엄을 제도적으로 보장하려는 시도라 할 수 있습니다. 존엄의 조건이 무너지면 문명은 지속될 수 없으며, 따라서 존엄을 지키는 건설은 사회의 도덕적 토대이자 다음 세대를 위한 약속이 됩니다.

문명의 상실, 짓는 행위가 사라진 세상

존엄이 무너진 사회에서 문명도 유지될 수 없습니다. 안전과 존엄을 토대로 세워진 건설은 단순한 구조물의 축적이 아니라, 사회를 조직하고 미래를 구상해 온 방식이었습니다. 도로와 다리, 학교와 병원은 한 시대가 추구했던 가치와 이상, 그리고 집단적 꿈을 담아낸 문명의 흔적이었습니다. 인간은 짓는 행위를 통해 생존을 넘어 관계와 제도를 세웠고, 그 속에서 문명이라는 공동의 집을 일궈왔던 것입니다.

문명은 본질적으로 축적과 연결의 산물입니다. 도로는 사람과 물자를 이어주었고, 수로는 식수와 생명을 공급했으며, 제방은 자연의 위협을 막아 공동체를 보호했습니다. 광장은 단순한 공간이 아니라 만남과 토론, 민주적 실천이 이루어지는 장소였습니다. 이 모든 흔적은 건설을 통해 남겨진 문명의 기록이자, 한 사회가 무엇을 지향했는지를 보여주는 상징이었습니다.

만약 건설이 멈춘다면 교역과 교육, 돌봄과 민주주의의 장은 하나둘 무너지고, 공동체는 흩어질 수밖에 없습니다. 이는 단순한 불편이나 시설의 부족이 아니라 문명 자체의 단절이며, 관계의 붕괴와 인간다움의 쇠퇴로 이어집니다. 역사를 돌아보면 전쟁이나 재난으로 폐허가 된 도시들은 단순히 건축물이 파괴된 것이 아니라, 언어와 문화, 지식의 전승마저 위협받았던 현장이었습니다. 도시가 무너질 때 그곳에 살던 사람들의 기억과 약속, 나아가 세대 간 연속성마저 단절되었습니다.

따라서 건설은 과거를 계승하고 현재를 지탱하며 미래를 가능하게 해온 문명의 실천이었습니다. 도로와 다리 위에서 교역이 이루어지고, 학교와 병원 안에서 교육과 돌봄이 가능했으며, 광장과 시장에서 민주주의와 교환의 문화가 형성되었습니다. 짓는 행위가 멈춘 사회는 결국 과거와 미래를 잇는 능력을 잃고, 현재조차 지탱하지 못하는 상태로 전락합니다. 이는 곧 인간이 문명을 통해 확장해 온 존엄과 연대의 기반이 해체되는 순간이며, 건설 없는 세계가 결코 문명을 유지할 수 없는 이유입니다.

미래의 상실과 건설의 회복

건설은 과거를 기억하고 현재를 지탱하며 미래를 상상하는 행위였습니다. 로마의 수도교, 중세의 대성당, 경복궁은 단순한 구조물이 아니라 수 세기 앞을 내다본 집단적 상상력의 산물이자 세대 간 연속성을 보장하는 약속이었습니다. 인간은 짓는 행위를 통해 시간을 넘어서는 힘을 얻었고, 그 결과 문명은 과거와 현재, 미래를 잇는 거대한 서사 속에서 전개될 수 있었습니다.

오늘날 태양광 도시, 탄소중립 인프라, 스마트시티, 데이터센터와 같은 미래 비전 역시 건설 없이는 실현될 수 없습니다. 건설은 국가 전략을 공간으로 전환하는 실천이며, 국토와 도시의 조직 방식은 곧 미래 역량을 결정합니다. 길과 항만, 에너지망과 통신망은 단순한 시설이 아니라 국가가 어떤 미래를 그릴 수 있는지를 가늠하는 척도이자, 사회가 세대 간 연속성을 유지할 수 있는 기반입니다.

그러나 건설은 단지 새로운 것을 세우는 데 그치지 않습니다. 오래된 것을 고치고 유지하는 일 역시 미래를 준비하는 핵심입니다. 현재를 지탱하지 못하는 사회는 내일을 맞이할 수 없으며, 유지와 보수가 없는 곳에서는 혁신조차 불가능합니다. 건물의 균열을 보수하고, 오래된 다리를 보강하며, 낡은 상하수도를 교체하는 일은 단순한 수선이 아니라 다음 세대를 위한 안전망을 구축하는 행위입니다. 만약 건설이 멈춘다면 사회는 낡은 것을 고치지도 새로움을 세우지도 못한 채, 세대 간 연속성을 잃고 미래에 대한 신뢰마저 상실하게 될 것입니다.

이 부정적 상상은 건설의 본질을 더욱 선명하게 드러냅니다. 우리가 오늘을 살아가고 내일을 꿈꿀 수 있었던 이유는 누군가 짓는 일을 멈추지 않았기 때문입니다. 건설의 역사는 인간이 불안과 위협을 넘어 존엄과 희망을 세워온 역사였으며, 사회가 위기를 마주할 때마다 '짓는 행위'는 다시금 회복의 출발점이 되어왔습니다. 전쟁 후의 재건, 재난 후의 복구가 바로 그 예입니다.

따라서 건설의 회복은 단순히 무너진 것을 다시 세우는 차원을 넘어섭니다. 그것은 인간 삶을 지탱하는 실천을 되살리고, 다음 세대를 위해 사회적 토대를 책임 있게 이어가는 일입니다. 건설은 눈에 보이는 구조물만이 아니라, 신뢰와 연대라는 보이지 않는 기반 위에서 함께 세워져 왔습니다. 인간은 존재하는 한 짓는 존재로 남으며, 그 행위는 안전과 존엄, 문명과 미래를 이어주는 가장 깊은 실천으로 계속 이어질 것입니다.

건설의 역할과 가치의 진화

건설의 얼굴, 시대마다 달라지다

건설은 단순한 기술이나 산업이 아니라, 인류가 세상과 맺어온 관계를 드러내는 문화적 실천이자 시대의 두려움과 희망을 비추는 거울이었습니다. 그 역사를 따라가면 인간의 정신과 가치가 어떻게 변해왔는지 읽을 수 있습니다.

가장 오래된 건설의 얼굴은 생존이었습니다. 인류는 바람과 추위, 맹수로부터 몸을 지키기 위해 움막과 흙집을 세웠습니다. 동굴은 피난처를 넘어 불을 지피고 이야기를 나누는 삶의 공간이었고, 움집은 공동체가 몸을 모으던 작은 우주였습니다. 건설은 생명을 지탱하는 언어였습니다.

문명이 형성되자 건설은 질서를 구현하는 도구가 되었습니다. 길과 성곽, 신전과 궁전은 공동체를 묶는 기반이었고, 권력과 법은 돌 위에 새겨졌습니다. 피라미드는 신과 왕권의 질서를, 파르테논 신전은 민주적 질서와 신앙을 상징했습니다. 건설은 보이지 않는 규칙을 공간 속에 담아 집단의 삶을 가능케 했습니다.

근대에 들어 건설은 효율의 얼굴을 띠게 됩니다. 산업혁명은 건설을 속도와 생산성의 경쟁으로 몰아갔습니다. 철도와 항만, 공장과 고층 건물은 기술의 자부심이자 국가 권력의 상징이 되었지만, 도시 팽창과 주거 빈곤, 환경 오염과 같은 그늘도 남겼습니다.

오늘날 우리는 또 다른 갈림길 앞에 서 있습니다. 이미 많은 것을 지은 시대에 중요한 질문은 "무엇을 더 세울 것인가?"가 아니라 "이미 지어진 것을 어떻게 지탱하고, 훼손된 환경과 삶을 어떻게 회복할 것인가?" 입니다. 도시재생, 생태복원, 리노베이션, 친환경 인프라는 건설이 이제 회복과 지속의 기술로 전환해야 함을 보여줍니다. 오늘날 건설의 얼굴은 지속가능성이며, 그것은 인류가 다음 세대로 건너가기 위해 반드시 짚어야 할 가치입니다.

적층되는 가치, 흔들림 없는 기반

건설의 가치는 새로운 것이 나타날 때마다 이전 것이 사라지는 방식으로 교체되지 않습니다. 과거의 가치는 뿌리처럼 남아 전체를 지탱합니다. 생존을 위한 안전은 지금도 절실하고, 질서는 여전히 사회를 조직하는 틀로 작동합니다. 효율은 자원의 한계 속에서 불가피한 기준이며, 그 위에 지속가능성이 더해져야 균형이 완성됩니다.

건설은 마치 피라미드처럼 가치가 층층이 쌓인 구조입니다. 맨 아래에는 안전, 그 위에 질서, 그 위에 효율, 꼭대기에 지속가능성이 놓여 있습니다. 이 네 가지 층은 단순한 시대순 배열이 아니라 긴밀히 연결된 관계망입니다. 어느 한 층이 무너지면 다른 층도 흔들립니다. 안전 없는 효율은 붕괴를 낳고, 질서 없는 지속가능성은 공허

합니다. 이 네 가지 얼굴은 분리된 단계가 아니라 서로를 지탱하며 쌓여온 공존의 기록입니다.

이 적층적 구조는 건설을 단순한 생산 기술이 아니라, 인간의 삶을 조율하고 문명을 이어가는 문화적 실천으로 이해하게 합니다. 주거 공간은 여전히 지어야 하고, 법과 제도는 공간 속에 새겨져야 하며, 효율은 자원의 공정한 분배에서 중요합니다. 그러나 지속가능성이 빠진 건설은 더 이상 사회의 신뢰를 얻을 수 없습니다.

이 네 가지 가치는 산업 내부의 기준을 넘어, 문명이 자신을 스스로 지탱해 온 방식을 보여줍니다. 안전은 생존의 본능을, 질서는 협력을, 효율은 번영의 욕망을, 지속가능성은 미래 세대와의 연결을 상징합니다. 건설은 이 네 가지 축을 통해 개인의 삶과 사회, 자연과 문명을 아우르는 매개체가 되어 왔습니다.

따라서 건설의 역사는 늘 새로운 질문에 응답하면서도 이전 가치 위에 덧붙여 온 과정이었습니다. 두려움 속에서 움막을 세우고, 공동체의 필요에 따라 도시를 만들고, 풍요의 욕망에 따라 인프라를 확장했습니다. 이제 인류는 회복과 지속가능성이라는 질문 앞에 서 있습니다. 건설의 진화는, 곧 인간이 세상과 맺어온 관계를 다시 쓰는 역사이자, 쌓아 올린 가치의 균형을 새롭게 시험하는 과정입니다.

정체성의 재정의, 산업의 물음

역사적 변화를 거치며 건설산업은 이제 스스로의 정체성을 새롭게 정의해야 하는 시점에 도달했습니다. 오랫동안 건설은 기술과 노동이 집약된 산업으로 이해되었습니다. 얼마나 빠르고 효율적으로 구조물을 세우는가가 성과의 기준이었고, 시장 규모나 고용 인원, GDP 기여도와 같은 숫자가 산업의 위상을 설명했습니다. 그러나 이런 정의는 건설의 본질을 협소하게 만들고 그 안의 의미와 책임을 가려 왔습니다.

건설은 단순한 구조물의 생산이 아니라, 사람들의 삶을 담는 공간을 만들고 공동체의 기억을 세우며 사회의 방향을 드러내는 문화적 실천입니다. 따라서 정체성의 물음은 "무엇을 지을 것인가?"에서 "무엇을 실현하고 누구와 함께 구현할 것인가?"라는 근본적 차원으로 옮겨갑니다. 산업을 물리적 산출물로만 규정한다면 건설은 주변적 산업으로 밀려날 수 있지만, 자신을 스스로 가치 실현의 주체로 재정의한다면 사회와 미래를 지탱하는 핵심 산업이 될 수 있습니다.

이 과정에서 핵심 가치는 공공성, 지속가능성, 회복탄력성입니다. 공공성은 공동체 전체의 삶을 지탱하는 기반이며, 지속가능성은 미래 세대를 고려하지 않는 건설이 정당성을 확보할 수 없음을 보여줍니다. 회복탄력성은 단순한 복구 능력을 넘어 위기 앞에서 공동체를 지탱하는 힘과 연결됩니다. 이 가치는 건설이 사회적 신뢰를 회복하고 새로운 책임을 감당하기 위한 근본적 토대가 됩니다.

정체성의 전환은 선택이 아니라 존재를 지키기 위한 조건입니다. 만약 건설산업이 이 물음에 응답하지 못한다면 사회적 신뢰와 정책 지원, 인재 유입은 약화될 수밖에 없습니다. 반대로 정체성을 재정의하는 순간부터 건설산업은 미래를 위한 새로운 길을 열 수 있으며, 단순한 성장의 수단이 아니라 사회적 신뢰와 책임을 축적하는 주체로 거듭날 수 있습니다.

전략과 경계의 전환

정체성의 전환이 출발점이라면, 다음은 그것을 구현할 전략의 전환입니다. 과거 전략은 "더 높이, 더 빠르게, 더 많이"라는 구호로 요약되었지만, 인구 감소와 도시 포화, 기후위기, 자원 고갈과 같은 조건 앞에서 힘을 잃었습니다. 이제 건설은 양적 팽창이 아니라 무엇을 보존하고 어떻게 회복할 것인가라는 새로운 패러다임을 요구받습니다.

앞으로 건설은 유지와 회복을 중심에 두어야 합니다. 노후한 도시를 되살리고, 끊어진 인프라를 잇고, 훼손된 생태계를 복원하는 일은 단순한 기술이 아니라 사회적 기억과 삶을 회복하는 과정입니다. 골목 재생은 일상의 복원이 되고, 하천 복원은 생태와 문화의 회복이 됩니다.

이 전략은 기술의 전환을 수반합니다. 과거의 빠른 건설 기술 대신 오래 지속되고 환경과 공존하는 기술이 중심이 되어야 합니다. 재활용 자재, 에너지 절감 설계, 친환경 공법은 더 이상 선택이 아닌 기본 조건입니다. 기술은 효율의 도구에서 지속가능성을 실현하는 수단으로 바뀌고 있습니다.

그러나 전략의 전환은 기술만의 문제가 아닙니다. 산업 경계의 재조정이 필요합니다. 건설은 도시계획, 환경과학, 사회복지, 예술, 데이터 과학과 협력해야 지속가능성을 구현할 수 있습니다. 고령화 사회의 주거 문제는 안전과 편리함을 넘어 정서적 안정과 돌봄, 공동체 회복까지 포함해야 하며, 이는 다학제 협력이 아니면 해결할 수 없습니다.

따라서 건설은 융합 산업으로 거듭나야 합니다. 고립된 기술 산업으로 남는다면 사회적 요구에 응답하지 못하고 갈등을 낳을 수 있습니다. 경계를 넘는 협력은 사회적 신뢰와 정당성을 확보하기 위한 필수 조건입니다. 건설이 융합적 사고와 다학제적 실천을 받아들이지 않는다면 지속가능성의 과제를 감당할 수 없을 것입니다.

사회적 책임의 확장

전략의 전환이 산업의 방식을 바꾼다면, 그 결과는 곧 사회적 책임의 확장으로 이어집니다. 과거에는 속도와 규모가 성과의 기준이었다면, 오늘날에는 공공성, 형평성, 환경성, 지역성과 같은 질적 지표가 성패를 좌우합니다. 숫자로만 평가되던 건설이 이제는 사회적 가치와 얼마나 조화를 이루는지가 핵심이 되었습니다.

건설 프로젝트는 단순한 공간 창출이 아닙니다. 그것은 지역사회 삶의 질, 생태계 보전, 세대 간 형평성과 직결됩니다. 대형 사업이 공동체를 해치거나 자연을 파괴한다면 더 이상 성공으로 평가될 수 없습니다. 오히려 갈등과 저항을 불러 산업 전체의 신뢰를 약화시킵니다.

따라서 건설의 성과는 경제적 이익보다 사회적 책임의 이행에서 평가되어야 합니다. ESG 경영, 이해관계자 참여, 공정한 노동, 생태계 보전은 장식이 아니라 산업 존속을 위한 조건입니다. 이 책임은 현장 안전과 예산 관리뿐만 아니라 지역사회와의 신뢰, 사회적 약자 배려, 문화적 정체성 보존까지 포괄해야 합니다.

여기서 중요한 것은 진정성입니다. 외부 압력에 의한 형식적 대응은 오래가지 못합니다. 디지털 전환이나 스마트 건설, ESG 도입이 내적 성찰 없이 추진된다면 껍데기에 그칠 뿐입니다. "무엇을 실현할 것인가?, 어떻게 책임을 다할 것인가?" 라는 질문이 산업 내부에서 성찰되지 않는다면 혁신도 의미를 잃습니다.

사회적 책임을 확장하는 순간, 건설은 단순한 구조물 생산을 넘어 세상을 구성하는 주체가 됩니다. 이는 현장의 안전을 넘어 도시의 숨결, 사람들의 일상, 미래 세대의 삶까지 포함합니다. 책임의 확장은 건설을 산업의 실천에서 사회적·철학적 약속으로 끌어올리며, 다음 단계의 성찰을 위한 기반이 됩니다.

변화의 중심에서 성찰하다

마지막으로 남는 과제는 성찰입니다. 정체성의 재정의, 전략의 전환, 책임의 확장은 결국 "건설은 무엇을 위해 존재하는가?" 라는 본질적 물음으로 이어집니다.

건설의 역할과 가치는 시대마다 달라졌지만, 그 변화는 단순한 기능적 조정이 아니라 존재 이유를 새롭게 묻는 과정이었습니다. 움막에서 출발해 도시와 인프라를 만들었고, 이제는 회복과 지속가능성을 요구하는 시점에 이르렀습니다. 이 흐름은 건설이 단순한 산업이 아니라 삶의 조건을 설계하는 실천임을 다시 일깨워 줍니다.

기술의 진보만으로는 충분하지 않습니다. 사회적 책임을 수행하지 못하는 산업은 신뢰를 잃게 되고, 신뢰 없는 산업은 존속할 수 없습니다. 따라서 중요한 것은 다시 질문을 던지는 일입니다.

"건설은 앞으로 어떤 가치를 중심에 두고,
어떻게 사회와 함께 실현할 것인가?"

이 질문은 기술이나 정책 차원을 넘어, 산업의 존재 이유를 근본적으로 되묻습니다. 만약 건설이 과거의 효율과 속도에만 머문다면 사회는 이 산업을 외면할 것입니다. 그러나 공공성과 지속가능성, 회복과 책임에 응답한다면 건설은 다시 사회적 신뢰를 얻게 될 것입니다.

새로운 시대의 건설은 구조물이 아니라 사회와 미래를 위한 가치 있는 약속이어야 합니다. 그 약속은 기술이 아니라 새로운 정신과 태도, 깊은 성찰에서 출발합니다. 산업이 스스로의 존재 방식을 재정립하지 않는다면, 어떤 혁신도 유행으로 소멸할 뿐입니다.

따라서 지금은 단순한 기술 고도화의 시기가 아니라, 다음 세대를 위한 건설의 본질을 다시 설계해야 할 시기입니다. 바로 이 성찰 속에서 건설은 사회와 신뢰를 회복하고, 지속 가능한 미래를 열어갈 수 있습니다. 그것이야말로 건설의 진정한 진화이자, 다음 세대와 이어지는 가장 근본적 출발점이 될 것입니다.

사회적 정당성, 건설산업에 당혹스러운 질문

존재를 묻는 말 앞에서

"건설산업은 왜 존재해야 하나요?"

이 물음은 단순히 산업의 경제적 효용이나 기술적 필요를 확인하는 질문이 아닙니다. 그것은 산업의 존재 이유, 곧 '사회적 정당성social legitimacy'을 겨냥한 더 근본적 질문입니다. 다시 말해, 건설산업이 법적으로 허용되고 기능적으로 유용하다는 차원을 넘어, 우리 사회 안에서 반드시 존재해야 하는 이유를 묻는 것입니다. 이 질문은 산업의 역할뿐만 아니라, 그 역할이 얼마나 정당하고 정직하게 수행되는지를 되돌아보게 만듭니다.

오랫동안 '국가 기반 산업'이라는 이름 아래 당연하게 여겨져 왔던 건설산업에게 이러한 질문은 낯설고 때로는 당혹스럽습니다. 눈에 보이는 결과를 빠르게 쌓아 올리는 데 익숙했던 산업에 "왜 존재하는가?”라는 물음은 더 큰 무게로 다가옵니다. 그것은 과거의 성취를 확인하는 차원이 아니라, 앞으로도 계속 존속해야 할 정당성과 사회적 근거를 증명하라는 요구이기 때문입니다.

과거에 건설은 문제를 해결하는 산업으로 기억되었습니다. 집이 필요하면 아파트를 짓고, 길이 막히면 도로를 놓고, 홍수가 나면 댐을 세웠습니다. 기술과 노동으로 삶의 문제를 풀어낸 건설은 질문의 대상이 아니라 해답의 주체로 자리했습니다. 그러나 지금은 그 지위가 흔들리고 있습니다. 한강에 다리가 놓이고 고속도로가 대지를 가로지르던 시절, 건설은 국가 발전의 상징이었으나, 오늘날 사회의 시선은 전혀 다른 질문을 던지고 있습니다.

기술력이나 경제적 기여만으로는 그 가치를 설명하기 어렵다는 인식이 확산되면서, 부실시공과 안전사고, 불투명한 운영 등 사회적 비용이 드러나자, 사람들은 묻습니다.

“이 산업은 여전히 우리에게 필요한가?”

이제는 구조물의 크기나 속도가 아니라, 그것이 사회에 어떤 흔적을 남기는지가 중요해졌습니다. 물질적 외형보다, 그것이 어떤 삶과 가치를 만들어내는지가 핵심이 되었습니다. 건설은 더 이상 의심 없이 받아들여지는 ‘당연한 산업’이 아닙니다. 존재는 주어지는 것이 아니라 증명되어야 합니다. 산업은 과거의 언어가 아닌 오늘의 시민과 소통할 새로운 언어와 태도로 응답해야 합니다.

사회적 정당성이란 오래된 질문

건설산업의 존재에 대한 물음은 단순한 산업 평가를 넘어섭니다. 바로 사회적 정당성의 문제입니다. 사회적 정당성은 조직의 행위가 사회적으로 구성된 규범·가치·신념에 비추어 적절하다고 일반화해 인식되는 상태를 뜻합니다. 단순히 기능적으로 유용하거나 과거의 성과가 크다는 이유만으로 확보되지 않습니다. 지금 이 사회 안에서 신뢰와 공감을 얻고 있는가, 구성원들이 그 존재를 타당하다고 받아들이는가가 핵심 기준입니다. 산업은 성과로만 평가되는 것이 아니라, 어떤 방식으로 사회적 합의와 기대에 부응하는가를 통해 정당성을 얻습니다.

정당성은 평온한 시기에는 크게 문제 되지 않습니다. 그러나 존재가 더 이상 환영받지 않거나, 사회적 비용을 유발한다고 여겨질 때 질문과 도전으로 떠오릅니다. 실패와 불투명성, 비윤리적 행위가 누적되면 존재 자체에 대한 의심이 깊어지고, 신뢰를 잃으면 정당성은 위태로워집니다. 산업이 눈에 보이는 결과물을 내놓더라도, 그 과정이 불공정하거나 책임 없는 방식이었다면 정당성은 쉽게 무너집니다.

이 물음은 사실 인류 공동체의 역사 속에서 끊임없이 제기되어 온 오래된 질문이기도 합니다. 고대 도시 국가는 신전과 광장을 통해 권위를 정당화했고, 중세 군주는 신성한 권위를 내세워 지배를 유지했으며, 근대에는 시민의 동의와 합법적-합리적legal-rational 정당화가 권력의 핵심 기반으로 부상했습니다. 시대와 체제는 달랐지만, 정당성은 항상 사회적 합의와 공통된 기대 위에서 유지되어야 한다는 인식이 이어져 왔습니다.

오늘날, 이 논의는 정치권력만의 문제가 아닙니다. 기업과 산업, 시민사회의 모든 영역으로 확장되었습니다. 특히 시민의식의 성장과 제도에 대한 신뢰의 흔들림, 가치와 이해관계의 다원화 속에서 "이 존재는 과연 타당한가?"라는 질문은 점점 더 빈번하게 던져지고 있습니다. 이는 단순한 제도 변화가 아니라, 사회가 스스로 방향성과 가치를 재검토하는 과정이자, 공동체가 자신이 의존하는 산업과 제도의 존재 이유를 다시 확인하려는 움직임이라 할 수 있습니다. 그리고 그 질문은 지금, 이 순간에도 건설산업에 예외 없이 제기되고 있습니다. 산업이 사회와 맺는 관계가 신뢰 위에 세워지지 않는다면, 존재의 근거는 언제든 흔들릴 수 있습니다.

건설이라는 존재, 이제 질문을 받다

이제 건설은 더 이상 질문을 피할 수 없는 산업이 되었습니다. 한때 물길을 돌리고, 길을 놓고, 삶터를 세우는 일은 의심할 여지 없이 선한 행위로 받아들여졌습니다. 그러나 오늘날에는 "그 건설은 누구를 위한 것이었는가?", "그 과정은 얼마나 정당했는가?", "그 결과는 지속가능한가?"라는 물음이 사회 전반에서 쏟아지고 있습니다. 외형적 성과만으로는 더 이상 정당성을 확보할 수 없는 시대가 열린 것입니다. 과거에는 의심 없이 받아들여졌던 건설의 행위가 이제는 사회적 성찰의 대상으로 자리하고 있습니다.

그 배경에는 사회의 구조적 변화가 있습니다. 시민의식이 성장하고, 정보 접근이 확대되면서 건설의 성과보다 그 이면의 의사결정 과정, 책임의 구조, 사회적 영향에 대한 관심이 커졌습니다. 과거에는 '개발'이라는 이름 아래 묵인되었던 환경 훼손, 공동체 해체,

안전보다 비용과 속도를 우선시하는 관행이 이제는 사회적 비용으로 기록되며, 새로운 판단의 근거가 되고 있습니다. 산업의 존재 이유가 단순한 경제적 효과를 넘어 사회적 책임과 영향까지 포괄해 평가하려는 흐름으로 전환된 것입니다.

시민 역시 더 이상 수동적 존재가 아닙니다. 정보를 기반으로 계획을 검토하고 의견을 제시할 수 있는 제도적 장치가 마련되고, 디지털 기술은 참여의 범위를 넓히고 있습니다. 정보공개 제도 등 제도적 장치의 확산으로 데이터 공개와 정책 분석이 확대되는 추세이며, 산업 전반이 감시와 평가의 대상으로 더 자주 놓이고 있습니다. 이러한 변화는 단순한 참여를 넘어, '정보 제공' 단계에서 '시민 권한' 단계로 이어지는 참여 수준의 심화라는 흐름 속에서 사회 전체가 산업의 정당성을 더 적극적으로 검증하는 방향으로 나아가고 있습니다. 이는 앞서 말한 사회적 정당성 개념이 추상적 담론에 그치지 않고, 실제 제도와 시민의 행동 속에서 구체적으로 작동하고 있음을 보여줍니다.

따라서 건설산업도 예외일 수 없습니다. 이제 시민은 산업의 존재 이유를 묻는 질문자이자, 정당성을 인정하거나 거부할 수 있는 심판자입니다. 산업은 더 이상 스스로의 유용성만을 강조할 수 없으며, 사회가 어떻게 받아들이는지에 진지하게 응답해야 합니다. 바로 그 지점에서 건설산업은 처음으로 자기 자신을 설명해야 하는 상황과 마주하게 된 것입니다. 그 설명은 과거의 성취를 나열하는 언어가 아니라, 오늘의 책임과 내일의 약속을 담아내는 새로운 언어여야 하며, 그것은 곧 '태도의 전환'과 맞닿아 있습니다.

해답보다 앞서는 질문의 태도

건설산업이 당혹스러운 것은 오랫동안 '해답을 내놓는 존재'로 자리해 왔기 때문입니다. 도시의 확장은 도로로, 주거 부족은 아파트로, 에너지 위기는 댐과 발전소로 풀어냈습니다. 물리적 문제를 물리적으로 해결하는 능력은 건설의 정체성이자 자부심이었습니다. 그렇게 건설은 사회의 '문제 해결자'로 자리매김했으며, 결과로 평가받는 산업이었습니다.

그러나 이제는 상황이 달라졌습니다. 사회는 더 이상 해답만을 요구하지 않습니다. "왜 그런 해답을 선택했는가?", "그 과정은 정당했는가?", "누구에게 책임이 있는가?"라는 물음을 먼저 던집니다. 산업의 존재 자체가 의심받는 시대, 해답은 설명될 수 있어야 하며, 그 설명은 신뢰를 기반으로 해야 합니다. 아무리 뛰어난 기술을 제시해도 신뢰를 잃은 해답은 힘을 발휘하지 못합니다.

이러한 변화는 여론의 단순한 기류 변화가 아니라 사회적 가치 기준이 이동한 결과입니다. 과거에는 성과와 물질적 성장만으로 정당성을 확보할 수 있었지만, 이제는 과정의 정직함과 결과의 지속 가능성까지 함께 요구됩니다. 건설은 단순히 구조물을 세우는 산업이 아니라, 사회적 신뢰를 매개하는 행위라는 사실이 분명해지고 있습니다.

불신의 균열은 눈에 보이지 않지만, 물리적 붕괴보다 오래가고 더 깊은 흔적을 남깁니다. 산업이 세운 탑이나 다리보다 신뢰의 균열은 공동체의 기억 속에 훨씬 무겁게 남습니다. 이 틈을 메우는 데 필요한 것은 기술이 아니라 태도입니다. 기술의 우수성보다 윤리적 감수성, 절차의 완결성보다 공감의 언어, 결과보다 관계의 신뢰가 중요한 시대입니다.

오늘날 사회는 '무엇을 했는가?' 보다 '어떻게 했는가?'를 묻습니다. 속도보다 과정, 규모보다 책임, 결과보다 의미가 강조됩니다. 이는 건설의 가치가 효율과 속도에서 지속가능성과 공공성으로 이동하고 있음을 보여줍니다. 따라서 설명책임accountability, 투명성, 공공성은 선택이 아니라, 건설산업이 사회적 정당성을 회복하기 위해 반드시 갖추어야 할 조건이 되었습니다.

정당성을 입증할 수 있는 산업

그렇다면 건설산업이 사회적 신뢰를 회복하고 정당성을 확보하기 위해 무엇이 필요할까요? 기술력이나 실적만으로는 충분하지 않습니다. 본질적인 기준이 세워져야 하며, 그것은 산업이 어떤 태도와 방식으로 사회와 관계를 맺는가에 달려 있습니다.

무엇보다 윤리적 투명성은 신뢰의 토대입니다. 불법 하도급, 입찰 담합, 부정 청탁, 부실시공은 산업 전반의 신뢰를 훼손해 왔습니다. 이러한 문제는 산업 구조와 관행에서 비롯된 것으로 반복적으로 지적됐으며, 건설산업의 신뢰를 훼손해 왔습니다. 정당성을 갖춘 산업은 법을 지키는 수준을 넘어, 공정하고 정직한 의사결정, 이해 충돌 방지, 투명한 정보공개를 실천해야 합니다. 윤리성과 투명성은 분리될 수 없으며, 신뢰는 이 두 가지가 함께 작동할 때 비로소 사회적 자본으로 축적됩니다.

책임성 또한 정당성을 떠받치는 핵심입니다. 건설산업은 오랫동안 책임 주체가 불분명한 구조 속에 머물러 왔습니다. 그러나 이제는 결과뿐만 아니라 의사결정 과정 전체에 대한 책임이 요구됩니다. 발주자는 예산과 방향을 결정하는 과정에서 막중한 책임을 지며, 시공자는 현장의 품질과 안전, 협력업체와의 관계에서 직접적인 책임을 집니다. 즉, 발주자와 시공자가 각기 다른 차원의 권한과 책임을 공유하고 있지만, 어느 한쪽의 책임만으로는 충분하지 않습니다. 정당성을 확보하려면 발주자는 투명하고 책임 있는 의사결정을, 시공자는 안전하고 성실한 실행을 통해 공동으로 신뢰를 쌓아야 합니다. 책임은 단순한 의무 이행이 아니라 효율성과 생산성까지 포괄하는 적극적 태도로 확장되어야 합니다. 결국 책임이 명확히 규정되고 실천될 때 비로소 건설산업은 신뢰를 회복하고, 사회적 정당성을 확보할 수 있습니다.

그리고 건설은 본질적으로 미래를 설계하는 산업입니다. 기후위기, 도시 노후화, 고령화와 같은 도전에 대응할 수 있는 능력이야말로 정당성을 완성합니다. 더 크고 빠른 방식이 아니라, 삶의 질을 높이고 환경과 공존하는 방식으로 짓는 능력이 필요합니다. 건설은 단순히 오늘을 지탱하는 행위가 아니라 내일을 준비하는 행위이기에, 정당성은 과거의 성과와 현재의 적합성뿐만 아니라 미래에 대한 약속과 실행 가능성에서도 좌우됩니다.

결국 건설산업은 윤리적 투명성과 책임성, 그리고 미래 지향성을 바탕으로 자신을 스스로 점검하고 변화해야 합니다. 이는 앞서 언급한 사회적 질문에 응답하는 가장 구체적인 방식이며, 신뢰를 회복하는 유일한 길입니다. 정당성을 입증할 수 있는 산업, 그것이 건설이 사회와 다시 관계 맺는 방식이어야 하며, '존재할 수 있는 산업'을 넘어 '존재해야 하는 산업'으로 거듭나는 길입니다.

건설산업 위기는 인문학적 위기

위기를 보는 관점의 전환

건설산업의 위기를 바라보는 시선은 다양합니다. 산업계는 흔히 물량 축소, 수익성 악화, 인력 부족과 같은 지표로 위기를 설명합니다. 이는 실제적이고 긴급한 문제이며 산업 존속과 직결되는 요인입니다. 그러나 이러한 지표 중심의 이해는 위기를 기술적·경제적 문제로만 환원하는 한계를 지닙니다. 위기의 본질을 숫자와 성과로만 해석하면, 더 깊은 구조적 질문을 놓칠 수 있습니다. 이 지점에서 우리는 낯설지만, 근본적 질문을 던질 필요가 있습니다. 건설산업의 위기를 '인문학적 위기'라는 관점에서 보면 어떤 통찰이 가능할까요?

인문학적 위기란, 인간의 존엄과 윤리, 삶의 의미와 가치 등의 주제가 산업과 사회 속에서 후순위로 밀리거나 무시되는 상황을 뜻합니다. 인문학적 관점은 단순히 수치와 기능을 분석하는 차원을 넘어, 존재 이유와 사람 사이의 관계, 공동체의 지속가능성과 같은 보이지 않는 가치를 묻는 성찰적 시선입니다. 이는 효율성과 경제성을 따지는 잣대와 달리, 산업이 인간의 삶과 어떻게 연결되어 있으며 그 과정에서 어떤 책임과 의미를 지니는지를 묻는 태도입니다.

따라서 건설산업을 인문학적으로 바라본다는 것은 단순히 공사 물량이나 수익성 감소를 문제 삼는 것이 아닙니다. 산업이 왜 존재하는지, 누구를 위한 것인지, 어떤 가치를 지향해야 하는지를 근본에서 되묻는 과정입니다. 이 질문은 곧 산업의 정체성과 사회적 정당성의 문제와도 맞닿습니다.

이러한 접근은 예컨대 부실공사를 기술적 결함이나 제도적 허점으로만 설명하지 않습니다. 그 배후에 자리한 책임의 부재, 윤리적 기준의 약화, 인간 생명 경시와 같은 근본적 문제를 함께 성찰하게 합니다. 기술과 제도의 개선만으로는 해결되지 않는 지점을 드러내며, 결국 위기를 어떻게 바라보느냐가 해법의 방향을 결정합니다. 시선이 달라지면 보이는 것이 달라지고, 보이는 것이 달라지면 답도 달라집니다. 바로 이러한 인식의 전환이 이후 윤리와 존엄, 문화 등의 문제로 이어지는 출발점이 됩니다.

관점이 달라지면 보이는 것들

건설산업의 위기를 인문학적 시선으로 바라볼 때, 그것이 단순히 기술이나 제도의 결핍에서 비롯된 것만은 아님을 확인할 수 있습니다. 기술적 대안이나 제도 개선은 주로 절차의 비효율, 관리의 허점, 인력 부족과 같은 눈에 보이는 문제를 다룹니다. 이러한 접근은 실용적이지만, 현상의 표면에 머무르기 쉽습니다. 위기를 수치와 절차의 문제로만 규정하면 근본적 맥락은 놓치게 됩니다. 이는 산업을 일시적으로 유지할 수는 있어도, 사회적 신뢰 회복으로 이어지지 못한다는 한계를 드러냅니다.

반면 인문학은 그 표면 아래 자리한 더 깊은 구조를 조명합니다. 인간의 동기, 산업을 지탱하는 언어, 사고방식, 조직문화, 태도와 같은 요소는 통계로는 드러나지 않지만, 산업의 방향과 질을 결정하는 힘을 가집니다. 건설의 지속가능성과 사회적 정당성 역시 이 비가시적인 영역에서 큰 영향을 받습니다. 결국 인문학은 우리가 무심히 지나쳤던 전제를 다시 성찰하도록 이끕니다.

이를테면 "안전관리가 얼마나 효율적인가?"라는 질문은 인문학적 관점에서 "우리는 안전을 단지 비용과 책임의 문제로 축소하고 있는 것은 아닌가?"라는 물음으로 바뀝니다. 또 "더 많은 인력을 어떻게 확보할 것인가?"라는 질문은 "그 노동이 인간에게 자존감을 주고 있는가, 그 일자리는 공동체 속에서 어떤 의미를 갖는가?"라는 물음으로 확장됩니다. 질문이 바뀌면 문제의 본질을 바라보는 시선이 달라지고, 해법의 방향도 달라집니다.

이러한 질문은 건설을 단순한 생산 행위가 아니라 인간의 존엄과 공동체의 연대를 담아내는 실천으로 바라보게 합니다. 나아가 산업이 왜 존재해야 하는지, 어떤 가치를 중심에 두어야 하는지를 사회와 공유할 수 있는 언어로 바꿔내는 계기가 됩니다.

이처럼 관점이 달라지면 문제의 핵심이 새롭게 드러나고, 해법의 언어도 달라집니다. 인문학은 기술과 제도로는 설명되지 않는 지점을 비추며, 산업이 놓치고 있던 인간적·윤리적 차원을 다시 묻게 합니다. 이는 곧 위기의 진단을 새롭게 하고, 방향을 잃은 산업에 또 다른 길을 열어주는 출발점이 됩니다. 더 나아가 이러한 전환은 건설산업이 사회와 어떻게 소통하고 신뢰를 회복해야 하는지를 묻는 토대가 됩니다.

관점이 바뀌면, 해답의 언어도 달라진다

관점의 전환은, 곧 해답의 언어를 바꾸는 일로 이어집니다. 산업이 직면한 문제를 진단하고 해결하는 방식은 오랫동안 기술적 접근과 제도적 처방에 의존해 왔습니다. 그러나 이제는 그것만으로 충분하지 않습니다. 눈앞의 문제를 당장 고치는 데 효과적일 수는 있지만, 근본적 방향을 바꾸지는 못하기 때문입니다. 인문학은 산업이 자신을 스스로 되묻고, 존재 이유와 역할을 새롭게 재구성할 수 있도록 돕는 언어와 사고의 틀을 제공합니다.

예컨대 기능과 수치에 매몰된 질문은 산업의 사회적 정당성을 묻는 근본적 질문으로 바뀌어야 합니다. 인력 확보의 문제는 단순한 공급과 수요의 계산을 넘어서, 노동이 인간에게 자존감과 존중을 보장하고 있느냐는 물음으로 확장되어야 합니다. 수익성의 문제 역시 단순히 이익을 지키는 계산법이 아니라, 그 이익이 어떤 가치를 희생한 결과인지, 공동체에 어떤 파급효과를 남겼는지를 성찰하는 질문으로 이어져야 합니다. 이러한 질문은 단순히 방법론의 변화가 아니라, 산업을 지탱하는 언어와 문화 자체를 변화시키는 힘을 갖습니다.

기존의 언어가 수익, 계약, 물량, 공정과 같은 단어로 채워져 왔다면, 인문학은 의미와 가치, 존재와 존엄의 언어를 제안합니다. 산업을 구성하는 단어 하나가 달라질 때, 사고와 행동의 틀도 달라집니다. 수치의 언어는 효율을 중시하지만, 가치의 언어는 인간과 공동체의 삶을 중시합니다. 따라서 인문학적 질문은 산업을 불편하게 만들 수 있습니다. 하지만 바로 그 불편함이야말로 산업을 다시 살아 있게 하는 힘이 됩니다.

이때 중요한 점은 언어의 전환이 단순히 표현의 변화에 그치지 않는다는 사실입니다. 언어는 사고의 틀을 만들고, 사고는 제도의 설계와 실행 방식으로 이어집니다. 따라서 새로운 언어를 받아들이는 일은, 곧 산업이 운영되는 실제 방식까지 바꾸는 시작점이 됩니다. 해답은 더 이상 효율이나 속도의 언어만으로 설명될 수 없습니다. 그것은 인간의 존엄을 지키고 공동체의 지속가능성을 비추는 새로운 언어여야 하며, 이는 곧 다음 단계에서 논의될 위기의 근본적 진단과도 맞닿아 있습니다.

건설산업의 네 가지 인문학적 위기

이러한 맥락에서 건설산업의 위기는 단순히 물량이나 수익성의 문제가 아닙니다. 겉으로 드러나는 지표의 하락이 아니라, 인간과 삶에 대한 성찰의 부재에서 비롯된 더 근본적 위기라 할 수 있습니다. 단기 성과로는 설명되지 않는 깊은 균열이 산업의 존재 자체를 흔들고 있는 것입니다. 이 균열은 네 가지 차원에서 드러납니다.

먼저 존재론적 위기입니다. 인구 감소와 도시의 포화, 탈성장의 흐름 속에서 "건설산업이 여전히 본질적으로 필요한가?"라는 질문이 잦아지고 있습니다. 크기와 속도 중심의 건설만으로는 답하기 어려운 과제들이 늘어난 시대에, 건설의 존재 이유와 사회적 정당성은 새로운 방식으로 설명되어야 합니다. 이는 단순한 시장 축소가 아니라, 산업이 공동체와 어떤 관계를 맺고 있는가를 되묻는 근본적 질문입니다.

다음은 윤리적 위기입니다. 부정·부패, 부실공사, 입찰 담합과 같은 사례가 반복적으로 보고되며 산업 전반의 신뢰가 훼손됐다는 비판이 있습니다. "건설은 원래 그런 것 아니냐?"는 냉소는 산업의 윤리적 기반이 약화됐다는 인식을 반영합니다. 존재가 정당화되기 위해서는 무엇보다 윤리적 토대가 뒷받침되어야 하며, 이 지점에서 존재론적 위기와도 긴밀히 연결됩니다.

또한, 존엄의 위기가 있습니다. 추락과 사망 사고가 반복적으로 발생해 온 현실은, 현장에서 공기와 비용, 계약이 생명보다 우선될 수 있는 구조적 위험을 시사합니다. 이는 인간을 수단화한 결과이며, 산업의 근본을 위협합니다. 존엄의 위기는 단순한 안전 문제가 아니라, 산업이 인간을 어떻게 바라보는지에 대한 성찰을 요구합니다. 윤리적 위기가 제도의 문제라면, 존엄의 위기는 그것을 운용하는 태도의 문제라 할 수 있습니다.

마지막으로 문화적 위기입니다. 수직적·폐쇄적 조직문화나 비판·성찰의 부재가 지적되는 현장은, 내부의 자존을 훼손하고 외부의 부정적 인식을 심화시킬 수 있습니다. 이는 젊은 세대의 유입을 막아 산업의 지속가능성까지 위태롭게 합니다. 문화적 위기는 단순한 분위기의 문제가 아니라, 산업 존속을 가늠하는 핵심 토대이자 새로운 세대가 건설을 받아들이는 창구입니다.

이 네 가지 위기는 각각 존재 이유, 윤리적 기준, 인간 존엄, 문화적 태도라는 본질적 질문과 연결되어 있으며, 서로 맞물려 더 큰 구조적 위기를 형성합니다. 결국 인문학적 위기는 산업이 삶과 인간에 대한 질문을 잃어버린 데서 비롯된 것입니다. 이 질문을 되찾지 않고서는 산업의 회복도, 지속가능성도 어렵습니다. 따라서 위기의 본질을 진단하는 일은 단순한 비판을 넘어, 건설산업이 어떤 모습으로 다시 태어날 것인가를 묻는 출발점이 되어야 합니다.

인문학, 추상에서 근본으로 비추는 거울

건설산업의 위기를 두고 흔히 제기되는 반문이 있습니다. "물량과 수익성의 위기는 현실적이지만, 인문학적 위기는 너무 추상적인 것 아닌가?"라는 의문입니다. 이는 정량화할 수 있는 문제와 정량화하기 어려운 개념의 차이에서 비롯된 시선입니다. 그러나 인문학적 위기는 결코 공허한 담론이 아닙니다. 그것은 사고방식과 계획, 실행, 조직문화와 언어 전반에 깊이 스며든 문제이며, 이를 외면하면 눈앞의 제도 개선이나 기술 발전만으로는 근본적 변화를 이루기 어렵습니다.

실제로 이러한 인식 전환은 안전 기준의 재설계, 공정한 계약 관행, 노동 존중의 정책과 같은 구체적인 제도 변화로 이어질 수 있습니다. 시장과 수익의 위기는 눈앞에 드러나는 결과일 뿐, 그 밑바탕에는 "무엇을 중요하게 여기는가?", "사람을 어떻게 대할 것인가?"와 같은 더 깊은 질문이 흐르고 있습니다. 인문학적 위기는 추상적으로 보이지만 동시에 근본적 위기라 할 수 있습니다. 지금 건설산업이 직면한 어려움은 단순히 관리나 제도의 문제가 아니라 존재와 가치의 문제이며, 현상을 관리하는 낮은 사유를 넘어 존재를 되묻는 높은 사유가 필요합니다. 원인을 해결하지 않으면 결과는 반복되며, 수익성 저하나 이미지 악화는 결국 그 결과일 뿐입니다.

바로 이 지점에서 인문학은 산업의 내면을 비추는 거울이 됩니다. 아무리 제도가 정밀해도 그것을 운용하는 사람들의 인식과 태도가 바뀌지 않으면 동일한 문제는 재발할 수밖에 없습니다. 따라서 질문도 달라져야 합니다. "무엇을 고칠 것인가?"에 더해 "어떻게 존재할 것인가?"까지 묻는 것이야말로 인문학적 성찰이 던지는 과제입니다.

건설은 단순히 구조물을 쌓는 산업이 아니라 그 안에 살아갈 인간의 삶을 담아내는 행위입니다. 인문학은 묻습니다. "이 수익은 어떤 가치를 희생시킨 결과인가?" 이러한 질문은 때로 불편하지만, 바로 그 불편함이 산업을 다시 살아 있게 하는 힘이 됩니다. 인문학은 산업 외부의 비평가가 아니라, 산업이 자신을 스스로 비추는 내면의 거울입니다. 이 거울은 우리가 외면해 온 진실과 무뎌진 감각을 다시 마주하게 하며, 지속가능한 방향 전환으로 이끕니다. 결국 건설산업이 회복을 이야기하기 위해서는 이 거울 앞에 설 용기가 필요합니다. 그것이 바로 산업이 다시 길을 찾는 첫걸음이 될 것입니다.

보수성은 건설산업의 운명인가?

익숙한 비판 너머, 또 하나의 질문

건설산업은 왜 보수적일까요? 변화에 소극적이고 혁신에 둔감하다는 지적은 오래전부터 이어져 왔습니다. 디지털 기술이 산업 전반을 빠르게 바꾸는 시대에도, 건설은 여전히 과거의 방식에 머물러 있다는 평가를 받습니다. 신기술 도입은 더디고, 낡은 관행은 여전히 남아 있다는 목소리도 사라지지 않습니다. 그래서 오늘날의 산업 기준에서 보면 건설은 유독 느리고 복잡하며 보수적으로 비칩니다.

그러나 이러한 비판이 언제나 정당한 것일까요? 우리는 종종 '보수성'이라는 단어에 너무 성급하게 부정적 의미를 덧씌웁니다. 건설은 눈앞의 효율만을 다루는 산업이 아니라, 세대와 세대를 연결하는 구조물을 짓는 행위입니다. 따라서 변화의 속도가 느려 보이는 이유는 단순한 게으름이나 관성이 아니라, 그 결과가 수십 년, 혹은 수백 년 동안 인간의 삶을 지탱한다는 특수한 무게 때문일 수 있습니다. 겉으로 드러난 태도만 보고 그 배경과 구조를 살피지 않는다면, 보수성이 지닌 정당한 의미마저 놓칠 수 있습니다.

보수성은 단순한 낡은 습관이 아닙니다. 그것은 때로 신중한 판단이 만들어낸 지혜이며, 사회적 신뢰를 구축하는 토대가 되기도 합니다. 변화를 거부하는 태도는 맹목적일 때 문제지만, 일정한 한계 안에서 유지되는 신중함은 오히려 위험을 줄이고 안정성을 높이는 합리적 방식이 될 수 있습니다. 특히 생명과 안전이 직결된 분야에서는 변화보다 조심스러운 유지와 반복이 더 중요한 가치로 작동합니다.

실제로 안전사고가 발생할 때마다 우리는 그것이 단순한 기술 실패가 아니라, 보수성이 제 역할을 하지 못했을 때 드러나는 사회적 균열임을 확인하게 됩니다. 안전이 흔들릴 때 존엄이 위협받고, 신뢰가 무너질 때 사회 전체가 불안해집니다. 그렇다면 이제 물어야 합니다. 보수성은 건설산업의 한계일까요?, 아니면 오랜 시간에 걸쳐 다듬어진 책임의 철학일까요? 보수성을 단순한 시대착오로만 본다면, 건설이 지닌 본질적 특성을 제대로 이해하지 못하게 됩니다. 오히려 그 속에서 인류가 이어온 집단적 사유와 책임의 전통을 발견할 수 있을지도 모릅니다.

건설, 신중함에서 시작되다

건설은 인류 문명의 가장 오래된 행위 가운데 하나였습니다. 움막과 흙집은 단순한 피난처가 아니라, 자연에 맞서 몸을 지키고 공동체를 세우기 위한 첫 실험이었습니다. 땅을 다지고 벽을 세우며 지붕을 얹는 행위는 단순한 노동이 아니라 미래를 담을 그릇을 준비하는 일이었고, 이 과정에서 신중함은 자연스레 건설의 본성이 되었습니다.

우리는 위대한 건설을 마주할 때 단지 그 규모나 외형에만 놀라지 않습니다. 그 안에 담긴 문명적 기획과 사회적 의지, 인간의 두려움과 염원을 직감하게 됩니다. 고대 로마의 수로교는 도시 문명의 생명줄이자 공공성을 구현한 인프라였으며, 중세 네덜란드의 제방은 범람하는 바다에 맞서 삶의 터전을 지켜낸 집단적 응답이었습니다. 근대의 파나마운하는 대서양과 태평양을 잇는 항로를 단축해 세계 무역의 흐름을 바꾸었고, 일본 사이타마현의 지하 방수로G-Cans Project는 기후위기에 대응하는 도시의 '문명적 방패'라 불립니다. 이처럼 거대한 건설의 이면에는 늘 성급함을 경계하고 위험을 예견하려는 신중함이 자리하고 있었습니다. 그리고 이러한 태도는 특정 시대나 지역에 국한되지 않고, 인류가 남긴 위대한 건축물 곳곳에서 확인할 수 있습니다.

이집트의 피라미드, 유럽의 대성당, 앙코르 유적군과 같은 거대한 건축도 수십 년에서 수백 년에 걸쳐 '빨리'가 아닌 '견고하게'를 추구한 문명의 철학을 보여줍니다. 피라미드와 일부 대성당은 수백 년 이상 축조되었고, 앙코르 와트는 12세기에 수십 년 동안 완성되었습니다. 모두가 문명의 집단적 의지와 신중함이 남긴 유산이며, 건설이 왜 단순한 기술이 아니라 시간을 두고 쌓아 올린 사유의 성과인지를 증언합니다.

이러한 건설의 성취는 단순한 기술물이 아니라, 한 사회가 얼마나 미래를 신중히 설계하고 위험을 감수했는지를 증언합니다. 건설은 단기간의 성과가 아니라 장기간의 지속성을 목표로 했으며,

그 결과는 공동체의 생존과 직결되었습니다. 그래서 건설은 언제나 '멈추어 생각하는 태도'를 요구받아 왔습니다.

건설은 비가역적不可逆的입니다. 한 번 세운 구조물은 쉽게 되돌릴 수 없고, 수십 년, 때로는 수백 년 동안 인간의 삶과 얽혀 존재합니다. 실수는 단순한 실패를 넘어 붕괴나 인명 피해로 이어집니다. 그렇기에 건설은 언제나 신중할 수밖에 없었습니다. 바로 이 지점에서 보수성은 단순한 느림이 아니라 책임을 전제로 한 태도가 됩니다. 속도보다 숙고, 효율보다 신뢰가 우선시되는 이유가 여기에 있으며, 이러한 태도는 뒤이어 다룰 책임의 구조와도 긴밀히 연결됩니다.

책임의 구조, 보수성은 어떻게 형성되는가?

건설산업의 보수성은 단순한 정서적 습관이 아니라 산업적 구조에서 비롯됩니다. 자동차나 가전처럼 동일한 제품을 대량 생산하는 산업과 달리, 건설은 매번 다른 조건에서 새로운 과제를 시작해야 합니다. 같은 설계라 하더라도 지반, 법규, 사용자 요구 등에 따라 전혀 다른 결과가 나타납니다. 동일한 도면 위에서도 현장은 늘 다르게 반응하며, 건설은 매 순간 변수를 안고 출발하는 산업인 셈입니다.

이런 특성은 비정형성, 일회성, 현장성, 비가역성의 키워드로 요약됩니다. 이 네 가지 요소가 결합되면서 건설은 매번 '처음 하는 일'을 다루는 산업이 됩니다. 따라서 신속함보다 예측 가능성, 실험보다 검증된 경험이 중시됩니다. 한 번의 시행착오가 치명적 결과를 낳을 수 있기에, 경험을 존중하고 절차를 중시하는 태도가 곧 보수성으로 굳어졌습니다.

또한, 건설은 철저히 협업의 산업입니다. 발주자, 설계자, 시공자, 감리자 등 다양한 주체가 긴밀히 얽혀 있으므로 작은 변화도 곧바로 불안정으로 이어질 수 있습니다. 작은 변수 하나가 전체 공정을 흔들 수 있기에, 모든 변화는 점진적으로만 수용됩니다. 이 과정에서 보수성은 단순한 태도가 아니라 협업 질서를 지키는 안전장치로 작동합니다. 예측 가능성과 절차 준수는 서로 다른 이해관계를 조율하는 최소한의 약속이 되며, 이는 건설산업 전반에 깊게 뿌리내린 가치가 되었습니다.

여기에 인간의 심리적 요인도 더해집니다. 건설에서의 실패는 곧 생명 피해로 이어질 수 있기에, 안정과 신뢰가 최우선입니다. 다리나 건물이 무너지는 사고는 단순한 재산 손실에 그치지 않고 공동체 전체의 신뢰를 무너뜨립니다. '안전제일'이라는 구호가 보여주듯, 보수성은 기술적 부족에서 비롯된 것이 아니라, 생존을 위한 윤리적 대응이었습니다. 오히려 이 구호는 건설산업의 집단적 기억이자 자신을 스스로 지탱하는 윤리적 원리였습니다.

따라서 건설산업의 보수성은 단순한 관성이 아닙니다. 그것은 위험을 줄이고 책임을 다하기 위한 합리적 태도이자, 산업의 근본 구조와 인간적 조건이 만나 빚어낸 집단적 선택이었습니다. 시간이 흐르며 이 보수성은 일시적 습관이 아니라 산업 전반에 축적된 문화와 태도로 굳어졌습니다. 바로 이것이 오늘날 우리가 마주하는 보수성의 진짜 얼굴입니다. 동시에 이러한 구조적 배경은 앞으로 새로운 기술과 혁신이 도입될 때, 왜 늘 신중한 조율과 섬세한 '번역 과정'이 필요할지를 잘 보여줍니다.

기술을 품은 보수성, 책임의 진화를 위하여

오늘날 건설산업에서 보수성은 종종 혁신의 걸림돌로 여겨집니다. 변화에 신중한 태도가 '시대에 뒤처진 고집'으로 해석되기 쉽기 때문입니다. 그러나 보수성은 단순히 변화를 거부하는 것이 아니라, 섣부른 실험을 경계하고 책임을 다하려는 윤리적 감각입니다. 문제는 그것이 기술과 어떤 관계를 맺느냐에 있습니다.

디지털 트윈, IoT 기반 센서, 자동화 시공 로봇, 드론 점검 시스템 등과 같은 기술은 단순히 효율을 높이는 장치가 아닙니다. 오히려 보수성이 중시해 온 안전성, 품질, 예측 가능성을 정밀하게 구현하는 수단으로 등장했습니다. 과거에는 경험과 직관에 의존해야 했던 위험 관리와 품질 검증이 이제는 데이터와 시뮬레이션을 통해 더 체계적으로 이루어집니다. 기술은 보수성을 약화시키는 것이 아니라, 그 철학을 더욱 구체적으로 실현하는 도구가 될 수 있습니다.

중요한 것은 기술이 현장에서 어떻게 번역되느냐입니다. 혁신의 장점만을 내세우는 설명은 오히려 불신을 불러일으킬 수 있습니다. 현장에서 일하는 사람들에게는 효율보다 안전과 책임의 언어가 더 설득력 있게 다가오기 때문입니다. 따라서 이 기술이 어떻게 위험을 줄이고, 어떻게 책임을 더 분명히 하는가를 보여줄 때, 보수성은 기술을 거부하는 힘이 아니라 수용하는 힘으로 작동합니다.

이러한 맥락에서 기술 도입은 단순한 채택이 아니라 총체적 조율이어야 합니다. 협업 구조, 제도적 뒷받침, 현장의 수용성이 함께 고려되지 않으면 아무리 뛰어난 기술도 정착하기 어렵습니다. 건설산업의 보수성은 이 과정에서 중요한 역할을 합니다. 그것은 기술이 무분별하게 적용되는 것을 막고, 책임을 다할 수 있는 체계 안에서만 작동하도록 돕는 철학적 조정 장치입니다. 다시 말해 보수성은 기술을 늦추는 장벽이 아니라, 기술이 신뢰할 만하게 자리 잡도록 만드는 내적 리듬입니다.

따라서 기술을 품은 보수성은 단순히 과거를 지키는 태도가 아니라, 책임을 한 단계 더 진화시키는 길입니다. 속도보다 깊이, 실험보다 신뢰, 단기적 효과보다 지속 가능한 전환. 이것이야말로 건설산업이 기술을 진정으로 건설적인 방식으로 활용할 수 있는 길입니다.

조화의 기술, 미래를 위한 보수성

오늘날 건설산업에 필요한 것은 단순한 속도가 아니라 리듬과 균형입니다. 변화가 빠를수록 그 속도에 휘둘리지 않고, 본질을 놓치지 않으려는 균형 감각이 더욱 중요해집니다. 진정한 혁신은 과거를 부정하는 데 있지 않습니다. 오히려 과거의 경험과 책임 위에 새로운 기술과 가치를 겹쳐놓을 때 비로소 이루어집니다.

보수성과 혁신은 서로를 대립시키는 개념이 아니라, 공존하며 긴장 속에서 균형을 만들어내는 두 가지 힘입니다. 지켜야 할 것을 지키는 힘이 보수성이라면, 그것을 더 나은 방향으로 조율하려는 시도가 혁신입니다. 이 두 가지 힘은 서로를 견제하면서도 동시에 상대를 필요로 합니다. 혁신이 없다면 보수성은 경직으로 굳어버릴 것이고, 보수성이 없다면 혁신은 근거 없는 실험으로 흩어질 것입니다.

새로운 기술은 오래된 원칙을 무너뜨리는 것이 아니라, 그것을 더 정밀하고 안전하게 실현하는 도구가 될 수 있습니다. 이를테면 내진 설계는 건축 구조의 기본 원칙을 뒤집은 것이 아니라, 동일한 원칙을 더욱 세밀하게 구현한 결과였습니다. 이런 맥락에서 보수성은 혁신을 늦추는 장벽이 아니라, 혁신이 책임과 윤리를 잃지 않도록 설계하는 기준점이 됩니다. 기술이 만들어내는 효율의 언어와 보수성이 지켜온 안전의 언어가 충돌하는 대신, 서로를 번역해 내는 과정이야말로 미래의 건설산업이 필요로 하는 조화의 기술일 것입니다.

따라서 건설산업은 스스로에게 물어야 합니다. "우리는 어떤 미래를 짓고 있는가?. 그 미래는 얼마나 신뢰할 수 있는가?" 이 질문에 진지하게 답하는 과정에서 보수성은 과거의 관성이 아니라, 미래를 지탱하는 철학적 뼈대로 거듭날 수 있습니다. 지나친 경직은 변화를 막지만, 철학과 기술로 조율된 보수성은 산업의 지속가능성을 이끄는 나침반이 될 것입니다. 그리고 그 나침반은 단순히 현재의 길만을 가리키는 것이 아니라, 미래 세대가 따라야 할 방향까지 함께 비추게 됩니다.

보수성은 멈춤이 아닙니다. 그것은 올바른 길을 찾기 위한 사유의 리듬이며, 문명이 호흡하는 방식입니다. 과거를 짓고, 현재를 버티며, 미래를 향해 나아가는 건설산업의 긴 호흡은 바로 이 리듬 속에서 이어질 것입니다. 그리고 이 리듬을 얼마나 성실하게 지켜내느냐가, 건설산업이 다음 세대와 맺는 약속의 무게를 결정하게 될 것입니다.

익숙함 속에 감춰진 건설이라는 존재

보이지 않음 속의 존재

우리는 치아의 존재를 거의 의식하지 않고 살아갑니다. 매일 아침 이를 닦고 음식을 씹으며 무심히 사용하지만, 그 존재를 뚜렷이 느끼는 순간은 치통이 시작되었을 때나 치아가 빠졌을 때입니다. 위장도 마찬가지입니다. 평소에는 소리 없이 묵묵히 제 역할을 하다가 탈이 나고 소화가 되지 않으면 비로소 "내 안에 위장이 있었지"라는 자각이 찾아옵니다.

건설도 이와 유사합니다. 아파트, 도로, 다리, 지하철 그리고 지하 깊숙이 자리한 상하수도관과 저류 시설까지 우리의 삶은 건설이 만들어낸 물리적 기반 위에서 이루어집니다. 그러나 사람 대부분은 그 존재를 인식하지 못한 채 살아갑니다. 건설은 필수적이지만 그 존재는 종종 공기처럼 투명하게 느껴집니다. 잘 작동할 때는 거의 드러나지 않고, 문제가 생길 때 비로소 존재가 의식되곤 합니다.

이 익숙함 속의 무관심은 건설의 본질적인 역설을 보여줍니다.

건설은 우리의 삶을 가장 가까이 지탱하면서도, 동시에 가장 쉽게 잊히는 대상입니다. 사람들은 도로를 걸을 때 그 길이 어떻게 설계되고 시공되었는지 떠올리지 않고, 건물 안에서 생활할 때 그 구조와 설비가 어떻게 안전하게 지탱되고 있는지를 묻지 않습니다. 결과만 누릴 뿐, 그 과정은 배경으로 사라지는 경우가 많습니다.

이 점에서 건설은 존재하지만 '잘 보이지 않는' 존재입니다. 우리 곁을 늘 채우고 있으나, 인간의 인지 구조와 생활 습관 속에서 배경으로 밀려납니다. 익숙하다는 이유로 더 이상 눈에 들어오지 않으며, 오히려 보이지 않기 때문에 당연한 것으로 받아들여집니다. 특히 이러한 무관심은 단순한 태도가 아니라 뇌의 작동 방식과도 맞물려 있어, 건설을 더욱 투명하게 만듭니다. 따라서 건설을 이해한다는 것은 단순히 구조물을 바라보는 것이 아니라, 그 익숙함 너머에 숨어 있는 과정과 책임, 그리고 시간을 다시 인식하는 일이라 할 수 있습니다. 결국 건설은 존재의 무대이면서도 늘 배경으로 물러나 있는, 역설적이면서도 근본적 동반자인 셈입니다.

뇌는 건설을 '배경'으로 처리한다

그렇다면 왜 이렇게 뚜렷한 건설의 존재가 잘 인식되지 않을까요? 이는 단순히 사회적 무관심 때문만이 아니라, 인간 인지 체계의 작동 방식과도 깊이 연결되어 있습니다. 인간의 뇌는 모든 자극을 동일하게 처리하지 않습니다. 한정된 에너지를 효율적으로 사용하기 위해, 생존과 직결되는 낯설고 위험하거나 감정적으로 강렬한 자극에는 민감하게 반응하지만, 안전하고 익숙한 자극은 배경으로 밀어내는 성질을 보입니다. 이는 뇌가 불필요한 소모를 줄이고 집중력을 유지하기 위해 진화한 방식으로 설명됩니다.

예를 들어, 매일 출퇴근길에 지나치는 고가도로의 구조물은 거의 눈에 들어오지 않습니다. 수백 번 넘나드는 지하철역도 더 이상 새로운 자극이 되지 못합니다. 반복된 자극에 둔감해지는 현상을 심리학에서는 '습관화habituation' 라고 부릅니다. 뇌가 의도적으로 불필요한 자극을 걸러내는 과정입니다. 이는 생존을 위해 효율적이지만, 동시에 우리 주변에 있는 구조물과 기반 시설의 존재가 인식에서 희미해지는 결과를 낳기도 합니다. 이처럼 무심히 스쳐 지나가는 공간은 실은 우리의 일상을 지탱하는 기반임에도 불구하고, 뇌의 필터 속에서 '없는 것처럼' 취급되기 쉽습니다.

또한, 인간은 결과에 집중하는 성향을 보입니다. 식당에서 음식을 먹을 때 우리는 조리 과정을 떠올리지 않고, 스마트폰을 사용할 때도 그 안의 복잡한 제조 공정을 의식하지 않습니다. 마찬가지로 다리를 건널 때, 그것이 어떤 기술적 고민과 안전 설계 위에 지어진 것인지 떠올리는 경우는 드뭅니다. 잘 작동하는 시스템에는 질문하지 않고, 결과를 우선 소비하는 경향 속에서 우리는 살아갑니다.

이러한 인식 방식은 건설을 주목의 자리에서 밀어내어, 일상의 배경으로만 남게 합니다. 건설은 눈앞에 있으면서도 잘 보이지 않고, 기능하면서도 주목받지 않는 존재로 자리매김합니다. 더 나아가 이런 배경화가 장기간 누적되면, 건설은 단순히 '익숙한 풍경'으로 굳어져 사회적 관심과 성찰의 대상으로부터 점차 멀어지게 됩니다. 그러나 이러한 무관심의 구조는 언제든 균열될 수 있습니다. 바로 갑작스러운 고장이나 사고가 발생하는 순간, 배경에 묻혀 있던 건설이 전면으로 소환되기 때문입니다.

문제는 존재를 소환한다

그러다 어느 순간, 배경에 머물던 건설이 갑자기 시야의 중심으로 떠오를 때가 있습니다. 바로 '문제'가 발생했을 때입니다. 집 천장에서 물이 새거나, 도로가 함몰되거나, 정전이 일어나는 순간 우리는 그동안 무심히 지나쳤던 건설의 존재를 새삼 자각하게 됩니다. 평소에는 눈길조차 주지 않던 구조물이, 기능이 멈추는 순간 불편과 위협의 얼굴로 다가옵니다.

이때의 경험은 단순한 불편을 넘어 분노와 불안을 동반하기도 합니다. 사람들은 곧장 책임을 묻습니다. 왜 점검하지 않았는가? 왜 구조가 부실했는가? 누구의 잘못인가? 이렇게 조용히 기능하던 건설은 짧은 시간 안에 문제의 주범이자 사회적 갈등의 상징으로 비치기도 합니다. 배경 속에 있던 존재가 단숨에 중심 무대 위로 올라오는 순간이며, 그 전환은 감정적 반응을 수반하기 때문에 더욱 강렬합니다. 신뢰가 흔들릴 때 존엄과 안전이 동시에 위협받는다는 사실을 사람들은 직관적으로 감지하기 때문입니다.

그러나 이러한 현상은 대체로 일시적입니다. 문제 해결이 마무리되고 일상이 회복되면, 건설은 다시 배경 속으로 밀려나는 경우가 많습니다. 기억은 희미해지고, 관심은 점차 줄어듭니다. 문제는 불편을 일으키지만, 동시에 배경 속에 묻혀 있던 건설의 존재를 순간적으로 드러내는 계기가 되기도 합니다. 하지만 그 기억은 오래 지속되지 못하고, 다시 무관심 속으로 흡수됩니다.

이 메커니즘은 사회적 차원에서도 반복됩니다. 대형 안전사고가 발생하면 사회 전체가 건설에 주목하고, 언론과 정치권, 시민사회가 제도와 규제 강화를 논의합니다. 그러나 시간이 지나면 다시 무관심이 지배합니다. 예방적 투자나 구조 개선은 종종 사후적 대응의 논리로만 다뤄지고, 일상으로 돌아가면 다시 배경으로 밀려납니다. 건설은 반복적으로 주목받았다가 곧 잊히고, 다시 배경으로 돌아가는 순환 속에 놓이게 됩니다.

이러한 순환은 건설을 단지 물리적 기반이 아니라 사회적 기억과 망각의 경계에 놓인 존재로 드러냅니다. 문제는 건설의 가치를 환기시키는 계기이지만, 그 계기를 사회적 학습과 제도로 어떻게 전환할 수 있느냐가 더 중요합니다. 그렇지 않으면 건설은 늘 사고와 위기의 순간에만 소환되었다가 곧 다시 잊히는 존재로 머물 수밖에 없습니다.

건설은 시간의 흔적이다

그렇다면 건설을 단순히 잘 안 보이는 기능적 배경으로만 이해할 수 있을까요? 그렇지 않습니다. 건설은 결코 우연히 주어진 것이 아니라, 수많은 판단과 결정, 협업과 기술, 땀과 책임이 층층이 쌓여 만들어진 결과물이기 때문입니다. 일상에서는 배경처럼 사라져 보이지만, 조금만 시선을 달리하면 그 안에 시간과 인간의 노력이 새겨져 있음을 발견할 수 있습니다.

하나의 건축물이 완성되기까지는 수개월에서 수년의 기획과 설계, 인허가와 협업, 공사와 검증의 과정이 필요합니다. 도면은 여러 차례 수정되고, 지형과 지반은 정밀하게 조사됩니다. 터파기, 흙막이, 지하수 처리와 같은 기술적 난제가 수반되고, 주민과의 협의나 환경적 영향 검토, 안전성 평가도 반복됩니다. 우리가 당연히 누리는 공간은 이렇게 수많은 선택과 조율, 시행착오와 성찰의 시간 위에서 만들어진 것입니다. 따라서 건설은 단지 돌과 콘크리트가 아니라, 시간과 협력이 압축된 집합체라 할 수 있습니다.

문화재나 고대 유적 앞에서는 우리는 자연스럽게 시간을 느낍니다. 수백 년을 버텨온 성당의 첨탑이나, 수천 년의 시간을 견뎌낸 성곽은 우리에게 깊은 인상을 남깁니다. 그러나 현대의 아파트, 도로, 하수도망과 같은 기반 시설은 너무 실용적이고 일상적이어서 그 안에 담긴 시간의 무게를 자각하지 못할 때가 많습니다. 매일 지나치는 육교와 보도블록은 사실 수많은 절차와 협업, 그리고 사회적 합의의 산물임에도 우리 눈에는 단지 '기능'으로만 남곤 합니다.

그러나 시간을 새긴다는 점에서는 현대의 건설도 예외가 아닙니다. 예산 확보를 위해 수년간 논의된 도로, 환경 갈등을 조율하며 완공된 하수처리장, 안전 규정을 강화하며 설계가 바뀐 지하철역 등은 당대 사회가 어떤 선택을 했는지를 보여주는 기록이기도 합니다. 건설은 단지 공간을 차지하는 물리적 실체가 아니라, 특정 시대의 가치관과 사회적 우선순위가 응축된 증거인 셈입니다.

따라서 건설을 단순한 구조물이 아니라, 시간의 압축이자 인간 의지의 응축으로 보는 순간 우리는 익숙함 속에서 잊힌 또 다른 가치를 발견하게 됩니다. 건설은 사회가 어떤 미래를 꿈꾸었는지를 말해주는 시간의 문서이며, 우리가 어떤 기억을 선택하고 어떤 흔적을 남길 것인지를 묻는 철학적 장치가 되기도 합니다.

익숙함 너머의 건설, 잊힌 가치를 보다

결국 건설을 다시 본다는 것은 단순히 벽돌과 콘크리트를 주의 깊게 살피는 일이 아닙니다. 그것은 우리가 매일 누리는 일상의 질서를 새로운 눈으로 인식하고, 그 배경에 깃든 수많은 과정과 노력을 다시 성찰하는 일입니다. 건설은 눈앞의 구조물이 아니라, 그것을 가능하게 한 과정의 축적물이며, 사회가 만들어낸 집단적 사유와 결단의 결과물입니다.

전기가 끊임없이 들어오고, 수도가 막힘없이 흐르고, 도로가 안전하게 이어지는 평범한 일상은 결코 당연한 것이 아닙니다. 그 뒤에는 설계자의 치밀한 고민, 기술자의 정밀한 손길, 현장 노동자의 땀이 있습니다. 이들은 무대 뒤에서 조명과 음향을 조율하는 연출자처럼, 우리 삶의 '보이지 않는 무대'를 만들어왔습니다. 공연을 보며 관객이 무대 뒤를 떠올리지 않듯, 우리는 도시와 공간을 누리면서도 그 배경의 수고와 시간은 잘 의식하지 못합니다. 그러나 그 보이지 않는 영역이 무너지면, 무대 전체가 유지될 수 없는 것처럼, 건설의 기반이 흔들리면 사회 전체의 질서도 흔들릴 수 있습니다.

따라서 '보이지 않는 건설'을 다시 바라본다는 것은 단순히 과거를 회상하는 일이 아닙니다. 그것은 현재를 새롭게 구성하고 미래를 성찰하는 출발점이 됩니다. 건설을 결과물이 아니라 과정과 책임, 협업과 성찰의 산물로 인식할 때, 우리는 도시와 사회를 바라보는 태도 자체를 전환할 수 있습니다. 도시의 풍경을 소비하는 시선에서 벗어나, 그 풍경을 가능하게 만든 수많은 선택과 책임을 함께 인식하는 시선으로 옮겨갈 수 있습니다. 이는 곧 건설을 '투명한 배경'에서 '사유의 대상'으로 되돌리는 작업이기도 합니다.

결국 건설은 기술이자 인문이며, 기능이자 가치입니다. 너무 익숙하다는 이유로, 너무 조용하다는 이유로 저평가되어서는 안 됩니다. 이제는 결과만이 아니라, 그 배경을 이룬 시간과 사람을 함께 물어야 합니다. 그 순간 건설은 더 이상 배경이 아니라, 사회와 문명의 중심을 비추는 의미로 다가올 수 있습니다. 나아가 그것은 단순한 공간 창조가 아니라, 우리 삶을 지탱하는 책임의 형식이며, 미래 세대에 물려줄 신뢰의 토대라는 점까지 성찰하게 합니다.

산업의 내면, 상실에서 성찰로

건설산업의 위기는 기술의 부족보다 사유의 부재에서 비롯되었습니다. 산업은 오랫동안 구조물과 효율, 속도의 언어로만 자신을 설명해 왔습니다. 그러나 성장의 그늘에는 인간과 윤리, 신뢰의 문제가 가려져 있었습니다. 외부의 비판보다 더 깊은 위기는 산업 스스로 자신을 성찰하지 못한 데서 시작되었습니다. 기술은 발전했지만, 무엇을 위해 작동하는가에 대한 질문은 사라졌고, 그 침묵 속에서 산업은 존재 이유를 잊어갔습니다.

건설이 사라진 사회를 상상해 보면, 우리가 잃게 될 것은 단순한 공간이 아니라 존재의 안전망과 공동체의 기억임을 알게 됩니다. 집은 인간이 머무는 세계의 형태이며, 다리와 길은 사람과 사람을 잇는 신뢰의 상징입니다. 건설이 멈춘다는 것은, 곧 인간이 서로의 삶을 잇는 능력을 잃는다는 뜻입니다. 건설의 부재는 인간의 부재와 맞닿아 있으며, 사회적 상실로 확장됩니다. 우리는 이 상실을 통해 건설의 역할과 가치가 왜 흔들려 왔는지를 성찰해야 합니다.

윤리의 결여와 존엄의 훼손, 산업 정체성에 대한 자부심의 상실은 기술적 한계를 넘어 인간의 문제로 이어집니다. 현장의 안전은 제도의 문제가 아니라 인간 존엄의 문제이며, 부실공사는 품질의 실패를 넘어 신뢰의 붕괴를 드러냅니다. 건설의 본질은 인간의 삶을 지탱하는 책임의 구조에 있습니다. 따라서 산업의 회복은 새로운 기술이나 제도의 문제가 아니라, 스스로의 내면을 직시하는 사유의 문제입니다. 회복은 혁신보다 앞선 태도이며, 자신을 되돌아보는 용기에서 시작됩니다.

건설산업의 내면을 들여다보는 일은 비판을 넘어 회복을 위한 성찰의 과정입니다. 그것은 부정을 찾는 일이 아니라 새로운 자아를 재구성하는 일입니다. 산업이 스스로에게 질문을 던질 때, "왜 건설하는가, 무엇을 위해 짓느냐"는 물음이 생기고 변화의 가능성이 열립니다. 건설이 인간을 위한 산업으로 돌아간다는 것은 효율의 언어에서 존엄의 언어로, 경쟁의 구조에서 공존의 구조로 이동한다는 뜻입니다. 그 전환의 중심에는 언제나 '사람'이 있습니다.

이제 우리의 시선은 변화의 현장으로 옮겨갑니다. 성찰은 끝이 아니라 출발점이기 때문입니다. 산업이 어떤 사유로 새 길을 찾아야 하는지를 묻는 일은 단순한 개혁이 아니라 정신의 재정립입니다. 건설이 내면을 회복할 때, 변화는 외부의 강요가 아닌 내부의 결단에서 시작될 것입니다. 그때 비로소 건설은 다시 사회의 신뢰를 짓는 산업으로 거듭날 수 있습니다.

건설산업의 변화를 응시하다

건설산업은 지금 거대한 전환의 문턱에 서 있습니다.

산업의 위상 변화와 가치 재편의 흐름을 따라가며,
변화를 이끄는 힘과 그 속도를 성찰합니다.

경계가 허물어지고 산업이 융합되는 시대에
건설은 어떤 역할로 남아야 하는지를 묻습니다.

이미지와 신뢰, 체질개선과 혁신의 문제를 넘어서
변화와 사유가 서로를 자극하며 진화하는 과정을 탐구합니다.

그 속에서 우리는 건설이 다시 사회의 중심으로 나아가기 위해
어떤 방향과 균형을 세워야 하는지를 바라보려 합니다.

건설산업의 위상 하락, 무엇을 의미하는가?

잃어버린 위상: 감탄에서 피로감으로

건설산업의 위상이 하락하고 있다는 사실은 부정하기 어렵습니다. 중요한 것은, 이 하락이 단순히 경기 침체나 산업적 부진만을 뜻하지 않는다는 점입니다. 그것은 우리 사회가 건설을 바라보는 방식, 그리고 산업과 사회가 맺어온 관계 자체가 변하고 있음을 보여주는 징후입니다. 산업의 위상은 경제 지표보다 사람들의 대화 속에서 더 정확하게 드러납니다. "건설이 아직도 잘 되나?", "건설은 이제 옛날 얘기지"라는 말이 오가는 순간, 과거의 영광이 흐려진 것이 아니라 사회적 해석의 틀이 달라졌음을 알게 됩니다.

불과 몇십 년 전만 해도 건설은 역동성의 상징이었습니다. 새 도로와 교량, 하늘을 찌르는 빌딩은 대한민국 성장의 아이콘이었고, 완공 소식이 전해질 때마다 사람들은 감탄을 보냈습니다. 그러나 지금은 "또 짓네", "언제 끝나나"라는 반응이 더 흔합니다. 공사 현장을 떠올릴 때 기대보다 불편이 먼저 연상되는 경우가 많아진 것입니다. 이는 단순한 유행의 소멸이 아니라, 산업과 사회가 함께 걸어온 궤적이 엇갈리기 시작했음을 보여줍니다.

위상이 하락했다는 징후는 여러 지표에서도 확인됩니다. 최근 들어 건설투자와 성장 기여도가 약화되는 흐름이 관측되고 있으며, 분기별 지표에서도 둔화되는 흐름이 나타나고 있습니다. 산업 구조의 고도화로 과거와 같은 절대적 존재감을 유지하기는 어려워졌습니다. 여기에 안전사고, 부실시공, 환경 훼손과 같은 사건이 반복되면서 신뢰가 약화되었습니다. 또한, 정보 접근성이 높아진 오늘날, 시민들은 완성된 결과물뿐만 아니라 그 과정 전반까지 함께 평가하고 있습니다.

과거에는 '필요'만으로도 위상이 보장되었지만, 이제는 '신뢰'와 '가치 구현'이 그 자리를 대신하고 있습니다. 대규모 사업의 완공이, 곧 발전을 상징하던 시대에서 안전, 환경, 품질, 공정성 등 다차원적 가치가 더 중요한 시대로 전환된 것입니다. 이러한 변화는 건설산업이 단순히 물리적 성과를 내는 것을 넘어 사회가 요구하는 의미와 책임을 담아내야 함을 시사합니다. 그러나 산업의 위상이 흔들리고 있다고 해서 본질까지 변한 것은 아닙니다. 오히려 본질은 견고하게 이어지며 새로운 역할을 받아들이고 있습니다.

변하지 않은 본질과 확장된 역할

건설의 본질은 세월이 흐르고 기술과 사회가 변해도 여전히 같습니다. 오늘날에도 우리는 길을 놓고 병원을 세우며 도시의 뼈대를 만들고, 사람과 지역을 연결하는 기반을 다집니다. 도로와 철도는 물자의 흐름을 가능하게 하고, 병원은 생명을 살리며, 학교와 도서관은 미래 세대를 키웁니다. 이는 고대 도시의 성벽에서 현대의 지하철망에 이르기까지 이어져 온 건설의 본질이며, 인간이 공동체를 이루고 삶을 영위할 최소 조건을 마련하는 행위였습니다.

시대가 변하면서 건설의 영역은 더욱 넓어졌습니다. 과거에는 주거와 방어, 생산을 위한 공간 확보가 중심이었다면, 오늘날에는 삶의 질을 높이고 환경을 지키며 미래 세대를 위한 안전망까지 구축해야 합니다. 디지털 기술, 자동화 장비, 드론, 3D 프린팅과 같은 도구는 본질을 바꾸기보다 더 정밀하고 안전하게 구현하는 수단이 되고 있습니다. 첨단 기술이 투입된다고 해서 본질이 달라지는 것은 아니며, 오히려 '사람을 위한 기반을 만든다'라는 목적을 더 충실히 실현하게 된 것입니다.

또한, 건설은 이제 '짓는 것'을 넘어 '지키고 되살리는 것'까지 포괄합니다. 기후변화 대응 시설, 재난 복구, 무장애 설계, 역사적 건축물의 보존과 재생, 노후 인프라의 리모델링과 재생에너지 기반 구축 등이 그 예입니다. 이는 건설이 시대가 요구하는 새로운 책무를 받아들이며 사회적 역할을 넓혀가고 있음을 보여줍니다.

이 변화는 한국만의 현상이 아닙니다. 미국은 인프라를 미래 성장 재투자의 대상으로, 일본은 신뢰 회복의 과제로, 유럽은 지속가능성과 도시 재생의 장으로 건설을 해석해 왔습니다. 맥락은 달라도, 각국의 건설산업은 시대의 요구에 따라 새로운 의미를 부여받으며 본질을 유지하고 역할을 확장하고 있습니다.

결국 건설의 본질은 변하지 않았지만, 그 실현 방식은 다차원적으로 진화했습니다. 산업의 존재 가치는 단순한 구조물에 머무르지 않고 사회적 안전망과 미래 세대의 삶까지 포괄하게 되었습니다.

그러나 역할이 넓어진 만큼 사회의 평가 기준도 달라졌습니다. 과거에는 존재만으로 위상이 보장되었지만, 이제는 그 과정과 태도가 더 무겁게 평가됩니다. 바로 이 지점에서 건설을 바라보는 사회적 시선의 변화가 본격적으로 드러나기 시작합니다.

변화된 환경과 재편된 사회적 시선

문제는 본질이 아니라 해석의 틀이 바뀌었다는 데 있습니다. 과거에는 초고층 빌딩이나 대형 교량처럼 '성과의 크기'가 평가 기준이었지만, 이제는 '과정의 태도와 윤리'가 핵심이 되었습니다. 규모와 화려함이 긍정적 평가를 보장하지 않습니다. 안전사고, 환경 훼손, 불투명한 절차가 뒤따른다면 그 성취는 오히려 부정적으로 해석됩니다.

오늘날 시민들은 완공 속도나 규모보다 안전, 환경 피해 최소화, 지역사회와의 협의, 절차의 공정성을 더 중요하게 봅니다. 이는 단순히 요구가 까다로워진 것이 아니라, 사회의 가치 기준이 다층적으로 확장된 결과입니다. 시민들은 완성된 구조물의 외형뿐만 아니라, 그 과정에서 지역의 목소리가 반영되었는지, 불편을 줄이려는 노력이 있었는지, 공정한 계약과 책임 있는 관리가 이루어졌는지까지 주목합니다. 즉, 완성품의 아름다움보다 그 안에 담긴 태도와 절차가 더 큰 무게를 갖게 된 것입니다.

비슷한 현상은 해외에서도 나타났습니다. 미국은 노후 인프라 재투자와 탄소중립 인프라 논의를 통해 건설을 단순한 시설 확충이 아니라 국가적 미래 전략의 일부로 다루고 있습니다. 일본은 버블 경제 붕괴 이후 대규모 토목·건축사업이 '무리한 개발'로 비판받으며 건설업 전반의 위상이 흔들렸고, 시민사회는 '개발=발전'이라는 공식을 더 이상 받아들이지 않았습니다. 유럽은 2000년대 이후 '지속가능 건축'과 '탄소중립 도시' 담론이 확산되면서, 산업의 무게중심이 속도와 규모에서 환경성과 사회적 기여로 이동했습니다. 특히 북유럽의 도시 재생 프로젝트는 공동체적 가치를 회복하는 실험의 장이 되었고, 독일은 에너지 전환 정책 속에서 건축과 인프라를 국가적 과제로 다뤘습니다. 이런 흐름은 한국의 사례와도 맞물리며, 건설산업의 위상 변화가 단지 국내적 현상이 아님을 보여줍니다.

이러한 시선의 변화는 자연스럽게 '신뢰'라는 문제로 이어집니다. 무엇을 지었는지가 아니라, 그 과정에서 사회와 어떻게 소통했는지가 위상을 가르는 기준이 되고 있습니다. 이제 산업은 단순한 성과를 넘어 과정의 투명성과 설득의 언어까지 보여주어야 하며, 이것이 바로 다음 단계에서 살펴볼 신뢰 회복의 출발점과 맞닿아 있습니다.

신뢰와 존재 방식: 침묵에서 성찰로

오늘날 건설산업을 평가하는 시선은 완공 후의 성과보다 과정 속의 태도에 더 무게를 둡니다. 현장 접근성과 정보 공유가 쉬워진 사회에서 작은 실수나 대응 방식까지도 신뢰 판단의 기준이 됩니다. 언론 보도의 신속함, SNS를 통한 정보 확산, 시민단체와 지역사회의 적극적 활동은 과거보다 훨씬 높은 투명성을 요구합니다. 따라서 단순한 침묵이나 짧은 입장 표명만으로는 충분하지 않습니다.

신뢰 회복은 이제 결과물의 품질만으로는 이루어질 수 없습니다. 공사 과정의 투명성과 성실한 소통이 핵심 경쟁력이 되고 있습니다. 안전사고가 발생했을 때 시민들은 단순히 "원인을 조사하겠다"라는 약속이 아니라, 어떤 원인이 있었는지, 누가 책임을 지는지, 재발을 막기 위해 어떤 제도적·기술적 변화가 뒤따를 것인지까지 알고 싶어 합니다. 말뿐인 설명이나 형식적인 사과는 오히려 불신을 키우는 경우가 많습니다.

특히 소통은 일방적 발표가 아니라 상호적 과정이어야 합니다. 주민 설명회, 온라인 플랫폼, 현장 공개 등 다양한 방식으로 시민들의 목소리를 듣고 반영하는 절차가 마련되어야 합니다. 건설은 공동체 전체에 영향을 미치는 사업이기에, 과정에서의 참여와 설득은 결과물만큼 중요합니다. 소통의 과정이 성실하게 축적될 때 비로소 신뢰의 자본이 형성됩니다.

정보가 넘쳐나는 오늘날에는 침묵이 더 이상 중립이 될 수 없습니다. 오히려 침묵은 은폐나 회피로 읽히며 불신의 신호가 되기 쉽습니다. 오히려 말하지 않는 태도 자체가 은폐나 회피로 읽히며 불신의 신호가 되기 쉽습니다. 따라서 소통은 단순한 '이미지 관리'가 아니라 '산업의 정체성'과 직결된 문제입니다. 성실한 설명, 투명한 과정 공개, 책임 있는 응답이 모여 사회적 자본을 형성합니다. 이것이 부족할 때 위상은 추락하고, 이를 지킬 때 비로소 건설은 다시 사회적 신뢰를 회복할 수 있습니다. 결국 오늘날의 질문은 단순히 '무엇을 지었는가?'에서 '어떤 태도로 짓는가?'로 이동했습니다. 존재 이유가 아무리 정당하다 하더라도, 방식이 불투명하거나 무책임하면 신뢰를 얻을 수 없는 시대가 된 것입니다.

변화의 거울, 그리고 사유의 상승

건설산업의 위상 하락은 단순한 쇠퇴가 아니라 사회적 인식 전환의 결과입니다. 사회가 발전을 정의하는 방식이 '크고 빠르게'에서 '적정하고 지속가능하게'로 바뀌었기 때문입니다. 경제 구조와 가치 기준, 시민의식이 달라진 만큼 산업의 위상도 재편되는 것은 자연스러운 일입니다. 과거의 성취가 쌓아 올린 물리적 기반은 여전히 유효하지만, 그것만으로는 존중을 보장받지 못합니다.

이 과정에서 건설은 단순한 물리적 성취가 아니라 사회가 원하는 미래상을 드러내는 거울이 됩니다. 어떤 구조물이 세워졌는가는 사회가 바라는 이상을 압축해 보여주며, 그 속에 시대정신이 투영됩니다. 고대의 신전은 신성에 대한 경외를, 근대의 철도와 교량은 산업화의 속도를, 오늘날의 친환경 건축은 지속가능성에 대한 집단적 열망을 담고 있습니다. 따라서 위상의 하락은 과거의 영광이 사라진 것이 아니라, 사회가 요구하는 새로운 정체성과 역할을 찾아야 한다는 압력으로 읽을 수 있습니다.

더욱이 과거의 찬사가 사라지고 과정과 책임이 부상한 흐름은, 우리 사회가 무엇을 발전이라 부르고 무엇을 성공이라 인정하는지에 대한 새로운 합의를 다시 쓰고 있음을 보여줍니다. 예를 들어, 1970~80년대의 초고속 성장기에는 '몇 년 만에 완공했는가?'가 기준이었지만, 이제는 '얼마나 안전하고 투명하게 진행되었는가?'가 잣대가 되었습니다. 시민 불편을 최소화하고, 환경 피해를 줄이며, 절차적 정의를 지켜낸 사업만이 성공으로 인정받는 시대가 열린 것입니다.

이러한 변화는 산업의 문제가 아니라 사회 전체가 어떤 미래상을 지향하는지에 대한 성찰을 촉구합니다. 건설을 바라보는 눈길은 결국 사회가 자신을 스스로 어떻게 정의하는지를 드러내는 집단적 진단서입니다. 평가의 변화 속에서 우리는 사회가 두려워하는 위험과 추구하는 가치를 읽을 수 있습니다. 위상의 하락은 쇠퇴의 신호가 아니라 사유의 깊이를 더해 주는 계기일 수 있습니다. 건설산업이 과거의 성취에 안주하지 않고 새로운 비전으로 응답할 때, 그것은 사회 전체의 성찰을 높이는 촉매제가 됩니다.

따라서 건설산업의 위상은 단순한 경제적 지표로 설명될 수 없습니다. 그것은 우리 사회가 어떤 미래를 꿈꾸고, 어떤 삶의 방식을 정당하다고 여기는지를 비추는 거울입니다. 산업의 위상이 흔들리는 지금이, 곧 사회의 가치관이 더 높은 차원의 질문으로 이동하고 있음을 의미합니다. 이러한 흐름을 직시할 때 우리는 건설을 움직이는 동력이 무엇인지, 과거와 현재의 힘이 어떻게 변해왔는지를 다시 묻게 됩니다.

건설을 움직이는 세 가지 힘

건설을 움직이는 힘과 흐름의 성찰

"건설을 움직이는 힘은 무엇일까요?"

그것은 단순히 기술적 역량이나 경제적 수요만으로는 설명되지 않습니다. 건설을 움직이는 힘은 사회적 가치를 담아내고, 인간 공동체가 자신을 스스로 지탱하며 더 넓은 세계로 나가게 하는 내적 동력으로 확장해 이해할 수 있습니다. 이 힘을 성찰한다는 것은, 건설이 어떤 필요 속에서 작동해 왔는지를 이해하는 일이며, 동시에 그 배경에 놓인 시대적 상황과 인간의 의식을 살펴보는 과정입니다. 더 나아가 그 힘이 어떻게 변화해 왔는지를 돌아보는 일은 과거를 이해하고, 현재를 진단하며, 미래를 설계하는 출발점이 됩니다.

겉으로 보기에는 건설이 기술과 자본, 제도와 같은 외적 장치로 움직이는 듯 보입니다. 그러나 그 이면에는 언제나 더 깊은 동기가 숨어 있었습니다. 위협에 대응하려는 본능, 안정을 바라는 열망, 더 나은 삶을 향한 희망, 그리고 아직 오지 않은 세대를 위한 책임감이 그것입니다. 이 다양한 동기는 때로는 충돌하고 때로는 조화를 이루며 건설의 방향을 결정해 왔습니다. 그러므로 건설의 힘을 묻는 일은 단순히 산업 구조나 경제 논리를 해석하는 데 그치지 않습니다. 그것은 인간과 사회가 스스로에게 던진 질문, 어떻게 살아남을 것인가, 어떻게 더 나은 삶을 만들 것인가, 어떻게 미래를 이어줄 것인가에 대한 답을 찾아가는 여정입니다.

건설의 힘을 사유한다는 것은 또한 문명사적 성찰이기도 합니다. 특정한 시대의 건설은 그 사회가 직면한 불안과 욕망, 그리고 미래에 대한 전망을 압축적으로 담아냅니다. 성곽은 공동체가 공유한 두려움과 결속의 상징이었고, 광장과 궁전은 권력과 자부심을 드러내는 무대였습니다. 오늘날의 친환경 건축이나 스마트 인프라는 단순한 시설을 넘어 우리 시대가 지향하는 가치와 시대정신을 담고 있습니다. 이렇게 건설의 힘을 성찰한다는 것은 결국 시대가 무엇을 두려워했고 무엇을 희망했는지를 읽어내는 일이기도 합니다.

그 나침반의 바늘은 결국 세 가지 힘을 가리킵니다. 삶을 지키는 생존, 삶을 확장하는 번영, 그리고 그 모든 것을 미래까지 이어주는 지속가능성입니다. 이 세 가지 힘은 건설의 과거를 관통하고 현재를 이끌며 미래를 준비하는 가장 근본적 동력으로 남아 있습니다.

생존: 회복의 힘에서 번영으로 가는 길

생존은 건설의 가장 원초적 힘입니다. 인간은 추위와 굶주림, 자연재해와 외부 침입에 맞서 자신을 스스로 지켜야 했습니다. 이러한 위협을 극복하는 과정에서 제방과 수로, 성벽과 방어 시설 등의 건축물이 등장했습니다. 그것은 단순한 구조물이 아니라 공동체의 안전을 위한 집단적 해답이었습니다.

시대가 달라지면서 생존의 조건도 변했습니다. 중세에는 성벽과 해자, 교량과 배수 시설이 일상적 안전을 보장했고, 근대에는 철도, 항만, 상하수도, 노동자의 주거지가 산업사회의 생존 기반이 되었습니다. 이러한 시설은 단순히 편리함을 넘어 공동체의 지속성을 담보하는 장치였고, 사회가 자신을 스스로 유지하기 위해 마련한 최소한의 토대였습니다.

20세기 세계대전은 인류의 생존 기반을 무너뜨렸습니다. 그러나 전후 복구 과정에서 도로, 교량, 발전소는 '다시 일어서는 국가'의 상징으로 재등장했습니다. 독일과 일본, 그리고 한국전쟁 직후의 대한민국은 건설을 통해 '살아남는 것'을 넘어서 '다시 일어서는 것'을 경험했습니다. 생존은 단순한 방어가 아니라 집단적 의지와 희망을 물리적 공간에 새기는 과정이었던 것입니다. 이러한 경험은 건설이 단순히 개인의 안전을 보장하는 차원을 넘어, 사회 전체의 회복과 연대를 가능케 하는 힘임을 보여주었습니다.

현대의 생존은 훨씬 더 복합적입니다. 기후변화에 대응하는 방재 체계, 각종 재해에 대비한 회복력 있는 도시 설계, 그리고 사회 기반을 떠받치는 새로운 인프라가 모두 포함됩니다. 오늘날의 사회는 단순히 재난을 피하는 차원을 넘어, 위험을 예방하고 위기 이후에도 빠르게 회복할 수 있는 체계를 갖추어야 합니다. 이러한 변화는 생존의 의미가 단순한 '위협 회피'에 머무르지 않고, '예방과 회복력'으로 확장되었음을 보여줍니다.

앞으로의 생존은 단기적 피해를 피하는 것을 넘어서 복구 속도와 사회적 회복력까지 담보해야 합니다. 결국 생존은 단순히 현재를 버티는 조건이 아니라 미래로 향하는 출발점입니다. 생존이 튼튼해야 번영이 가능하고, 또 그 생존이 다음 세대로 이어질 때야 지속가능성이 의미가 있을 수 있습니다.

번영: 창조와 확장의 무대

생존이 최소한의 조건이라면, 번영은 그 이상의 삶을 향한 열망이었습니다. 인간은 단순히 살아남는 데서 멈추지 않고 풍요와 안락, 교류와 확장을 추구했습니다. 생존이 공동체를 지키는 울타리였다면, 번영은 그 울타리 밖으로 나가 더 넓은 세상을 마주하고 새로운 가능성을 창조하려는 힘이었습니다.

번영의 건설은 방어적 시설이 아니라 창조적·확장적 인프라로 나타났습니다. 로마의 도로와 수로는 단순한 교통·급수 시설을 넘어 제국의 군사·행정·경제적 통합을 뒷받침하는 기반이었고, 로마인의 생활양식과 문화를 확산시키는 매개체가 되었습니다. 중세의 대성당과 수도원은 신앙의 장일 뿐만 아니라 학문과 예술이 집약된 공간이었고, 그 장엄한 규모와 세밀한 장식은 당시 사회가 추구한 정신적 풍요와 자부심을 드러냈습니다. 항만과 시장, 교역로는 지역을 넘어 세계와 맞닿는 통로가 되었고, 번영은 교류와 상업의 힘에서 비롯된다는 사실을 상징했습니다.

근대의 건설은 또 다른 얼굴을 가졌습니다. 철도역과 항만, 공장과 금융 지구는 산업 성장의 엔진이었으며, 동시에 제국주의적 팽창을 뒷받침하는 도구였습니다. 철도와 항만은 물자의 흐름을 가속

했지만, 식민지 지배와 자원 수탈의 경로가 되기도 했습니다. 번영은 부와 교류를 확대하는 힘이면서도 권력과 지배를 정당화하는 수단으로 작동했습니다. 그러나 이러한 양면성은 건설이 단순히 경제적 번영의 도구가 아니라, 사회의 선택과 가치 판단을 담아내는 거울이었음을 드러냅니다.

오늘날 번영은 '더 크게'에서 '더 나아지게'로 방향을 전환하고 있습니다. 현대의 건설은 단순히 공간을 확장하거나 물질적 풍요를 늘리는 데 머무르지 않고, 도시와 자연의 조화, 교통과 생활 방식의 전환, 그리고 공동체와 기억의 회복과 같은 가치를 담아내고 있습니다. 이제 번영은 단순한 경제 지표가 아니라 삶의 질, 환경 보전, 사회적 포용이 어우러지는 조화로운 무대로 이해되어야 합니다.

그리고 이러한 새로운 번영은 곧 지속가능성으로 이어집니다. 오늘날의 번영이 단지 현재 세대의 성취로 끝나는 것이 아니라, 다음 세대와 함께 누릴 수 있는 기반이 될 때만 진정한 의미를 가집니다.

지속가능성: 미래 세대를 향한 윤리와 자본

지속가능성은 생존과 번영을 잇는 제3의 힘입니다. 생존이 현재를 지탱하고 번영이 삶을 확장한다면, 지속가능성은 그것들을 미래 세대까지 이어주려는 의지이자 책임입니다. 현재의 건설이 미래의 사회와 자연에 어떤 흔적을 남길 것인지 묻는 성찰의 힘이기도 합니다.

이 힘은 환경 보전을 넘어 세대 간 형평성과 사회적 신뢰, 그리고 미래 자본을 포함합니다. 건설이 이 요구에 응답하지 못한다면 지금의 생존은 오래가지 못하고, 번영은 오히려 미래 세대의 짐으로 전락할 수 있습니다. 다시 말해 지속가능성은 과거와 현재, 그리고 미래를 하나의 연속선 위에서 바라보게 하는 렌즈이며, 인간의 삶을 이어주는 시간적 책임을 산업에 요구하는 가치 체계입니다. 이는 생존이 단순히 현재의 안전망에 머물지 않고, 번영이 당대의 성취로만 끝나지 않도록 연결해 주는 가교이기도 합니다.

따라서 건설은 설계 단계에서부터 회복력과 지속가능성을 내재화해야 합니다. 시공과 운영 과정에서는 자원의 효율성과 에너지 전환을 고려해야 하며, 완공 이후에도 사회적·환경적 가치를 유지할 수 있는 체계를 갖추어야 합니다. 이를 위해 전 세계적으로 건축물의 에너지 성능을 강화하고, 자원 순환과 폐기물 최소화를 지향하며, 지속가능성을 평가하는 인증 제도를 도입하는 등 다양한 노력이 확산되고 있습니다. 이러한 흐름은 건설이 단순히 기술적 성과물이 아니라 사회 전체가 공유해야 할 장기적 자산임을 일깨워 줍니다.

지속가능성은 단순한 기술적 과제가 아니라 윤리적 명령이며 동시에 사회적 자본입니다. '오늘을 위해 내일을 희생하지 않는다'라는 태도, 그리고 '현재 세대의 건설이 미래 세대에게 어떤 의미로 남을 것인가?'라는 물음이 그 핵심입니다. 이러한 질문은 건축가와 기술자, 발주자와 정책 결정자 모두에게 던져지며, 그 답변은 사회 전체의 방향을 결정합니다. 오늘날 건설은 단순한 친환경적 요소를 넘어 도시와 지역 삶의 방식, 공동체의 문화, 경제 구조 전반을 바꾸는 힘을 지니고 있습니다. 그렇기에 지속가능성은 사회적 신뢰를 축적하고 공동체의 회복력을 높이는 기반이 되며, 건설이 이러한 책임을 다할 때 규범을 넘어 미래를 설계하는 자본으로 자리 잡게 됩니다.

세 가지 힘, 하나의 미래

생존, 번영, 지속가능성. 이 세 가지 힘은 따로 존재하는 것이 아니라 긴장과 조화를 이루며 하나의 흐름을 형성합니다. 생존이 없다면 번영은 불가능하고, 번영이 없다면 생존은 단순한 버팀에 그칩니다. 지속가능성이 없다면 성취는 오래 남지 못합니다. 세 가지 힘은 서로를 제약하면서도 보완하며, 인류 건설의 역사를 관통하는 보이지 않는 축이 되어 왔습니다.

앞으로의 건설산업은 이 세 가지 힘을 균형 있게 다루어야 합니다. 생존이 보장되지 않으면 공동체는 쉽게 무너지고, 번영이 뒷받침되지 않으면 삶은 유지에 머뭅니다. 지속가능성이 없다면 오늘의 성취는 다음 세대에 짐이 됩니다. 세 가지 힘은 함께 결합할 때만 건설이 사회와 문명의 기반으로 작동할 수 있습니다.

따라서 건설은 단순한 공간과 구조물 창출이 아니라 세대를 잇는 사회적 계약이자 공동체가 스스로에게 던지는 대답이어야 합니다. 그것은 위기를 견디는 힘이자 삶을 확장하는 꿈이며, 동시에 미래 세대를 향한 책임을 담아내는 실천입니다. 생존의 건설은 공동체를 지키는 힘을, 번영의 건설은 문명을 발전시키는 창조를, 지속가능성의 건설은 미래를 향한 약속을 상징합니다. 세 가지 힘이 어우러질 때 건설은 인간 문명의 기반이 됩니다.

오늘날 우리는 단일한 목표만으로 건설을 정의할 수 없는 시대에 살고 있습니다. 생존만 강조하면 사회는 불안 속에 갇히고, 번영만 추구하면 불평등과 환경 파괴를 낳으며, 지속가능성만 절대화하면 현재 세대의 필요를 소홀히 할 수 있습니다. 따라서 건설산업은 세 가지 힘의 균형을 동시에 고려해야 합니다. 이는 단순한 조율이 아니라 다른 시간의 지평을 아우르는 사유를 요구합니다. 오늘의 안전, 당대의 풍요, 내일의 책임이 함께 얽혀야 합니다.

결국 세 가지 힘은 건설의 과거와 현재, 미래를 이어주는 삼각형의 세 꼭짓점과 같습니다. 하나라도 무너지면 구조 전체가 기울고, 세 꼭짓점이 연결될 때 안정된 형태가 완성됩니다. 건설은 바로 이 삼각 구조 위에 서 있으며, 우리가 짓는 공간은 이 힘의 긴장과 화해가 빚어낸 결과물입니다.

이제 건설산업은 성과나 경제 지표를 넘어 인간과 사회, 자연과 미래를 함께 사유하는 깊이를 가져야 합니다. 그것은 단지 건물을 세우는 일이 아니라 문명의 조건을 마련하는 일이며, 사회적 신뢰를 축적하고 세대를 잇는 다리를 놓는 일입니다. 건설을 움직이는 세 가지 힘이 우리에게 던지는 메시지는 단순하지 않습니다. 그것은 산업의 방향을 넘어 삶의 의미를 묻는 말이자, 우리가 어떤 미래를 지을 것인가를 향한 성찰입니다.

산업 경계의 재편, 타 산업과의 융합

경계 해체, 새로운 시대의 서막

오늘날 산업 변화를 살펴보면 가장 눈에 띄는 점은 산업 간 경계가 더 이상 선명하지 않다는 점입니다. 과거에는 건설, 제조, 금융이 각자 울타리를 지니고 있었고, 서로 다른 언어와 문법을 통해 독립적인 정체성을 지켜왔습니다. 그러나 지금은 상황이 달라졌습니다.

건설은 제조와 결합해 공장에서 모듈을 제작하고, 현장에서 조립하는 OSC[Off-Site Construction]를 통해 새로운 방식을 만들어내고 있습니다. 금융과도 밀접히 얽혀 프로젝트 파이낸싱[PF]이나 부동산 금융을 통해 자본과 리스크 관리의 차원까지 확장되었습니다. 이제 건설은 단순한 물리적 시공자가 아니라, 기술과 자본이 교차하는 접점에서 복합적인 조정자의 자리를 요구받고 있습니다. 경계는 더 이상 단단한 벽이 아니라, 서로 스며들며 교차하는 흐릿한 그림자와 같아졌습니다.

이 변화는 기술, 자본, 사회적 요구가 동시에 얽히며 나타났습니다. 디지털 기술은 산업의 작동 방식을 바꾸었고, 인공지능과 데이터 분석은 산업 간 연계를 촉진하는 핵심 도구가 되었습니다. 자본은 특정 산업 안에 머물지 않고, 건설, 에너지, ICT를 넘나들며 새로운 생태계를 만들어가고 있습니다. 또한, 기후위기, 고령화, 도시의 지속가능성과 같은 복합 과제는 어느 한 산업만으로는 해결할 수 없는 문제입니다. 과거처럼 한 산업의 혁신만으로 사회 전체가 변화하던 시대는 저물고, 여러 산업이 얽혀야만 새로운 질서가 탄생하는 시대로 접어든 것입니다. 따라서 산업 간 경계 해체는 단순한 외부적 환경 변화가 아니라, 건설이 이후 정체성 기반 역량을 어떻게 발휘하고 협력 생태계를 어떻게 설계할 것인지와 직결되는 전환점이라 할 수 있습니다. 결국 융합은 일시적 유행이 아니라 장기적인 구조적 전환으로 자리 잡은 흐름이라 할 수 있습니다.

따라서 질문은 분명합니다. 건설산업은 단순히 끌려가는 존재로 남을 것인가, 아니면 스스로 사유하며 주체적 위치를 확보할 것인가. 이는 단순히 산업 내부의 전략 차원을 넘어, 건설이 사회 속에서 어떤 역할을 새롭게 정의할 것인가라는 근본적 성찰로 이어집니다. 경계 해체의 시대는 위기이자 동시에 기회이며, 건설이 자기 정체성을 새롭게 증명할 수 있는 무대가 되기도 합니다.

정체성 기반 역량, 융합을 완성하는 힘

정체성 기반 역량은 건설이 가진 고유한 힘을 뜻합니다. 그것은 건축물이나 인프라를 세우는 능력에 머물지 않고, 다양한 자원을 조직하여 사회적 요구를 구체적인 공간과 시설로 구현하는 힘을 포함합니다. 건설은 언제나 인간이 살아갈 조건을 마련해 왔고, 사회와 자연을 연결하는 토대를 세워왔습니다. 이 힘은 단순한 생산 능력이 아니라, 사회가 유지되고 확장될 수 있도록 하는 구조적 기반이라는 점에서 더 큰 의미를 지닙니다.

융합의 시대에 이 힘은 새로운 방식으로 드러납니다. 다른 산업이 창출한 기술과 가치가 사회적 효용으로 전환되려면 반드시 건설의 공간과 구조 속에 담겨야 하기 때문입니다. 인공지능이 아무리 정교해도 이를 담아낼 스마트빌딩과 도시 인프라가 없다면 가능성은 잠재력에 머물고, 친환경 에너지가 혁신을 거듭해도 그것을 수용할 발전소와 송전망이 없다면 사회적 전환은 현실화되지 못합니다. 즉, 건설은 기술과 자본이 사회로 흘러 들어가는 최종 관문이자, 융합의 결과를 현실로 검증하는 실험장이 됩니다.

이 지점에서 건설의 독자성이 확인됩니다. 건설은 설계, 시공, 운영의 전 주기에서 융합의 성과를 현실 공간과 자산으로 매개하는 핵심 동력을 발휘합니다. 따라서 정체성 기반 역량은 단순히 산업의 생존을 지탱하는 힘이 아니라, 융합의 결실을 사회적 가치로 완성시키는 동력입니다. 동시에 이 역량은 다른 산업이 만든 가능성을 검증하고 지속가능한 질서로 변환하는 장치로 작동합니다. 다시 말해, 건설은 현실화의 관문이자 운영과 혁신이 순환하는 출발점으로 기능합니다. 이 점에서 정체성은 단순히 과거의 유산이 아니라, 협력과 가치 제안으로 이어지는 선순환의 첫 단추가 됩니다.

이 역량은 고정된 자산이 아니라 시대와 맥락에 따라 갱신되어야 합니다. 변화하는 기술과 사회적 요구를 흡수하며 자신을 스스로 확장할 때, 건설은 주변적 기능이 아니라 중심적 역할을 담당할 수 있습니다. 여기서 중요한 것은 정체성을 지키되 그것을 새롭게 발휘하는 방식입니다. 과거의 정체성을 고수하는 것이 아니라, 변화 속에서 그 본질을 다시 해석하고 시대적 요구와 결합시키는 지혜가 필요합니다. 이러한 힘이 살아 있을 때, 건설은 뒤에서 다룰 협력과 가치 제안의 논리적 토대를 제공할 수 있습니다.

유연하고 개방적인 협력 생태계

정체성이 기반이라면, 협력은 그것을 살아 있는 힘으로 만드는 과정입니다. 융합은 단순한 협업이나 분업이 아니라, 서로 다른 산업이 자원과 전문성을 교환하며 각자의 특성을 유지한 채 새로운 질서를 창출하는 과정입니다. 건설이 타 산업과 맺는 관계가 어떤 방식으로 설계되느냐가 곧 융합의 깊이를 결정합니다. 정체성이 고유한 힘을 제공한다면, 협력은 그 힘을 사회적 무대에서 현실화하는 구체적 방식이 되는 것입니다.

만약 건설이 설계, 시공, 운영이라는 전통적 틀에만 머문다면 협력은 계약적 분업으로 축소될 것입니다. 그러나 ICT, 에너지, 금융, 문화와 같은 산업과 열린 방식으로 만날 때, 건설은 서로 다른 기술과 가치를 연결하고 조직하는 플랫폼이 될 수 있습니다. 예컨대 도시 재생 프로젝트에서 건설은 단순한 시공자가 아니라, 문화와 예술, ICT와 에너지, 금융과 정책을 엮어내는 조정자로 기능할 수 있습니다. 이때 도시 공간은 단순한 건축물이 아니라, 사람과 자본, 데이터와 문화가 어우러지는 복합적 무대로 변모합니다. 이러한 만남은 건설이 고립된 산업이 아니라 사회 전체를 연결하는 매개자임을 드러내 줍니다.

협력이 오래가려면 안정성과 개방성이 함께 필요합니다. 안정성은 제도와 계약, 위험을 관리하는 장치에서 나오고, 개방성은 새로운 시도를 허용하는 샌드박스 제도, 누구나 활용할 수 있는 공공데이터 공개, 그리고 여러 산업이 같은 규칙으로 소통할 수 있게 해주는 오픈 스탠더드와 같은 장치를 통해 확보됩니다. 이 두 조건이 균형을 이룰 때 협력은 단순한 실험이 아니라 지속 가능한 질서로 발전합니다. 건설은 이 두 가지 요소를 동시에 충족하는 장을 마련해야 하며, 그 장은 사회적 플랫폼으로 기능해야 합니다.

따라서 협력은 정체성을 지우는 과정이 아니라, 각자의 힘을 완전히 드러내면서 더 큰 질서를 만들어내는 길입니다. 협력은 정체성을 흡수하거나 대체하는 것이 아니라, 그것을 새로운 방식으로 발휘하게 하는 촉매제입니다. 이 단계에서 건설은 다른 산업과 대등한 관계를 맺고, 동시에 공동의 문제를 해결할 수 있는 새로운 방식으로 협력을 확장해 나갈 수 있습니다. 그리고 이러한 협력은 뒤에서 다룰 가치 제안과 역할 재정의로 이어지며, 건설이 융합의 주체로 서기 위한 다음 발판이 됩니다.

명확한 가치 제안과 역할 재정의

협력이 오래 지속되려면 설득력 있는 이유가 필요합니다. 바로 여기서 가치 제안이 중요해집니다. 단순히 서로 연결되는 것만으로는 충분하지 않으며, 각 산업이 어떤 고유한 가치를 더할 수 있는지 분명해야 합니다. 건설 역시 다른 산업의 요구에만 반응한다면 주변화될 수밖에 없습니다.

따라서 건설은 "무엇을 잘할 수 있는가?"라는 질문을 넘어서 "다른 산업과 결합할 때 어떤 새로운 가치를 창출할 수 있는가?"라는 물음에 답해야 합니다. 예컨대 건축 행위가 단순히 구조물을 세우는 데서 끝나지 않고, 그 공간이 에너지를 절약하고, 문화가 자라며, 데이터가 흐르는 체계로 작동한다면, 건설은 종합적 가치를 제안하는 산업으로 자리매김할 수 있습니다. 스마트시티나 탄소중립형 인프라처럼 건설이 중심이 되어 ICT, 에너지, 문화가 동시에 작동하는 프로젝트는 이러한 가치 제안의 실제 예시가 됩니다.

이 지점에서 역할의 재정의가 필요합니다. 과거 건설은 물리적 시설을 만드는 산업으로 이해되었습니다. 그러나 융합의 시대에는 도시를 살아 있는 생태계로, 건물을 데이터 플랫폼으로, 인프라를 사회적 네트워크로 새롭게 정의해야 합니다. 이는 단순히 하드웨어를 제공하는 역할이 아니라, 운영 단계에서 디지털 트윈, IoT, 데이터 거버넌스를 엮어내는 조정자의 역할로까지 확장됩니다. 다시 말해, 건설은 기술과 자본, 문화가 공존하는 무대를 설계하는 총괄자로서 자리 잡아야 합니다.

이러한 재정의는 건설이 협력 생태계 속에서 대등하게 목소리를 내는 근거가 되며, 정체성 기반 역량과 협력을 잇는 연결고리가 됩니다. 따라서 건설산업은 스스로 질문해야 합니다. “융합의 장에서 건설은 어떤 사회적 가치를 제안할 수 있는가?”,”타 산업과의 협력 속에서 기존의 역할을 어떻게 확장할 것인가?” 그리고 “그 과정에서 건설의 정체성은 어떻게 보존되고 갱신될 것인가?” 이 질문은 단순한 전략적 선택지가 아니라 건설이 존재론적 차원에서 자기 자리를 어떻게 증명할 것인가를 묻는 근본적 성찰입니다. 이러한 성찰이 뒷받침될 때, 건설은 단순한 하위 기능이 아니라 융합 질서를 함께 만드는 주체임을 증명하는 길이 됩니다.

융합의 시대, 주체로 서는 길

이제 다시 전체를 조망해 보면, 정체성 기반 역량, 협력 생태계, 가치 제안은 따로 떨어진 요소가 아니라 하나의 구도를 이룹니다. 정체성은 협력 속에서 살아나고, 협력은 가치 제안으로 확장되며, 가치 제안은 다시 정체성과 협력을 설득력 있게 묶어줍니다. 이 세 가지 축은 서로를 지탱하며 유기적으로 맞물려, 건설이 융합의 시대에도 흔들리지 않고 새로운 질서를 만들어내는 힘을 제공합니다. 즉, 세 가지 축은 각각 고립된 기둥이 아니라, 건설이라는 산업을 지탱하는 하나의 유기적 구조물로 이해할 수 있습니다.

융합은 건설에 있어 도전이자 기회입니다. 중요한 것은 단순히 흐름을 따르는 것이 아니라, 그 속에서 어떤 새로운 질서를 창출하느냐입니다. 건설이 자기 힘을 붙들되 열린 협력 생태계를 만들고, 명확한 가치 제안과 역할 재정의를 통해 미래를 설계할 때, 건설은 단순히 뒤따르는 산업이 아니라 시대를 이끄는 산업으로 설 수 있습니다. 이 과정에서 건설은 단순한 공간 조성자가 아니라, 사회적 난제에 대응할 수 있는 조율자이자 촉진자로 변모합니다. 이러한 전환은 정체성에서 비롯된 힘이 협력을 통해 구체화 되고, 가치 제안으로 사회 전체를 설득하는 과정을 거쳐 완성됩니다.

따라서 융합은 건설을 주변화시키는 길이 아니라, 건설이 자기 힘을 재발견하고 사회적 위상을 회복하는 무대가 될 수 있습니다. 정체성 기반 역량으로 융합을 완성하고, 협력 생태계로 사회를 연결하며, 가치 제안과 역할 재정의로 미래를 설계할 때, 건설은 필수적 동반자이자 새로운 질서를 조율하는 주체로 자리매김할 것입니다. 더 나아가 이러한 건설의 주체적 태도는 도시와 사회 운영 전반에 걸친 거버넌스 혁신과도 맞닿으며, 지속가능성, 기후위기 대응, 세대 간 형평성과 같은 과제 해결에 핵심적 기반이 될 수 있습니다. 건설은 더 이상 단순히 산업의 한 축에 머무르지 않고, 사회적 합의를 조율하고 새로운 공공성을 실험하는 장이 될 수 있습니다.

융합의 시대는 단순한 환경 변화가 아니라, 건설이 자기 존재를 새롭게 증명할 수 있는 기회이며, 산업과 사회가 함께 새로운 질서를 만들어가는 출발점입니다. 건설이 이 흐름 속에서 주체로 선다면, 그것은 단순한 산업적 성취를 넘어 문명사적 전환의 한 축으로 작동할 수 있습니다. 다시 말해, 융합의 시대는 건설을 시험하는 무대이자 동시에 건설이 인류의 미래를 열어 가는 문명적 도전의 장이 되는 것입니다.

건설산업의 이미지,
시간과 함께 변화한 자화상

이미지는 어떻게 현실을 구성하는가?

'이미지image'라는 단어는 라틴어 '이마고imago'에서 비롯되었습니다. 원래는 사물의 모양, 초상, 그림자처럼 비친 겉모습을 뜻했지만, 시간이 지나면서 단순한 외형을 넘어 인간의 인식과 재현 방식을 담는 개념으로 확장되었습니다. 근대에 이르러 이미지는 단순한 모사나 재현이 아니라, 인간의 인식 속에서 실제로 작동하는 또 하나의 실제로 이해되기 시작했습니다. 우리는 세계를 직접 경험하는 것 같지만, 실상은 이미지라는 필터를 거쳐 이해하는 경우가 많습니다. 우리의 사고와 감정은 이미지를 통해 정리되고, 때로는 그 이미지가 현실보다 더 강하게 우리의 태도를 규정하기도 합니다.

이미지는 개인 차원을 넘어 사회 영역에 깊숙이 들어와 있습니다. 사람들 사이에서 공유되고 확산되며, 공동체가 무엇을 중요하게 여기고 어떻게 해석하는지를 드러내는 매개가 됩니다. 같은 대상이라도 맥락에 따라 전혀 다른 얼굴을 가집니다. 고급 아파트가 어떤 이에게는 성취와 안정의 상징이지만, 다른 이에게는 격차와 소외의 풍경이 되는 이유가 여기에 있습니다. 사회는 이미지를 통해 무엇을 높이 평가하고 무엇을 비판할지를 결정하며, 이 과정에서 집단적 현실이 구성됩니다.

이미지는 단순히 눈앞의 모습을 비추는 거울이 아니라, 사회적 감정과 상상력을 자극하는 상징으로 작동합니다. 뉴스가 반복적으로 보여주는 장면, 광고가 그려내는 이상적 풍경, 개인이 간직한 기억은 서로 얽히며 특정 이미지를 강화합니다. 실제 사건보다 그것이 어떻게 재현되었는가가 더 강한 사회적 효과를 내기도 합니다. 특히 건설에서 이러한 현상은 두드러집니다. 건축물의 구조적 우수성이나 경제적 효율성보다, 그 건축물이 남긴 장면과 상징이 더 오래 기억되기도 합니다. 도시의 랜드마크가 단순한 시설이 아니라 시민의 자부심이나 갈등의 상징이 되는 이유가 바로 여기에 있습니다.

따라서 이미지는 산업의 성과를 그저 반영하는 것이 아닙니다. 그것은 성과가 사회 속에서 어떤 의미로 받아들여지는지를 결정짓는 과정이자, 집단적 기억에 새겨지는 초상입니다. 건설산업에서 남겨지는 건물과 기반 시설도 물리적 구조물이기 이전에, 사회적 해석과 기억이 각인된 상징으로 자리합니다. 이런 점에서 이미지는 단순한 결과가 아니라 사회가 자신을 스스로 비추는 거울이며, 그 거울을 통해 산업의 얼굴이 만들어집니다.

성과와 이미지의 불일치

성과는 객관적 지표와 수치로 드러납니다. 그러나 사회가 그것을 어떻게 기억하고 이야기하는가는 전혀 다른 차원입니다. 바로 이 지점에서 성과와 이미지가 어긋나는 현상이 발생합니다. 성과는 통계와 기록으로 남지만, 이미지는 사람들의 체험과 해석 속에서 남기 때문에 둘은 종종 서로 다른 길을 걷습니다.

대규모 프로젝트가 완공되었을 때 정부나 기업은 규모와 기술적 성취를 강조합니다. 그러나 시민들은 그 과정에서 겪은 불편, 삶의 자리에서 떠나야 했던 아픔, 환경 훼손과 불공정한 이익 분배와 같은 문제를 먼저 떠올릴 수 있습니다. 사회적 경험은 기술적 성취와 다르게 감정과 기억 속에 각인되기 때문입니다. 반대로 크지 않은 규모의 건축물이라도 지역 주민에게 편리와 소속감을 제공한다면, 그것은 성과 이상의 긍정적 이미지를 남길 수 있습니다. 객관적 수치로는 미미해 보일지라도 공동체가 공유하는 기억 속에서는 커다란 울림이 될 수 있는 것입니다.

이러한 어긋남은 건설산업 전반에서 반복적으로 나타납니다. 산업 이미지는 단순한 통계나 기술적 성과만으로는 형성되지 않습니다. 언론이 어떤 사건을 다루는 방식, 일상에서 시민이 체감하는 경험, 그리고 세대가 공유하는 역사적 기억이 겹겹이 쌓이면서 또 다른 얼굴이 만들어집니다. 성과가 '무엇을 이루었는가?'에 관한 기록이라면, 이미지는 '그것이 사람들에게 어떤 인상으로 남았는가?'를 보여주는 거울입니다.

성과와 이미지의 차이는 단순히 평가의 불일치에서 끝나지 않습니다. 신뢰가 없는 성과는 오래 지속되지 못하고, 때로는 산업 전체의 부정적 이미지로 확산되기도 합니다. 반대로 신뢰와 공감을 얻은 성취는 규모를 넘어 훨씬 큰 의미를 갖게 됩니다. 작은 다리가 마을의 일상을 바꾸고, 오래된 건물이 공동체 기억의 중심이 되듯이,

성과보다 이미지가 사람들의 마음속에서 더 오래 살아남습니다.

결국 건설의 성과가 어떤 얼굴로 자리할지는 기술이나 자본의 크기가 아니라 사회적 신뢰의 두께에 달려 있습니다. 신뢰는 단순히 한 번의 성취로 얻어지지 않으며, 꾸준한 성찰과 책임 있는 실천을 통해 축적됩니다. 성과와 이미지를 연결하는 다리는 바로 이 신뢰이며, 그 다리가 단단할 때만 산업의 성과는 사회 속에서 긍정적 얼굴로 남을 수 있습니다.

이미지, 변화하는 거울과 힘

이미지는 시간이 흐르면서 사회의 가치와 기준에 따라 달라집니다. 긍정적이던 것이 부정적으로 바뀌기도 하고, 한때 비판받던 것이 다시 긍정적으로 평가되기도 합니다. 20세기 중반 고속도로와 대형 댐은 국가 발전의 상징으로 환영받았지만, 오늘날에는 생태계 파괴의 유산으로 비판받는 경우가 대표적입니다. 이미지는 고정된 외형이 아니라 시대정신을 반영하는 살아 있는 거울입니다.

이러한 변화는 단순한 감정 기류로만 설명되지 않습니다. 정치적 담론, 언론 보도, 기업 홍보, 시민의 일상 경험이 서로 얽히면서 동일한 사건도 전혀 다른 얼굴로 굳어집니다. 같은 프로젝트가 누군가에게는 국가적 성취의 기념비가 되고, 다른 이에게는 특혜와 불평등의 상징이 되는 이유가 여기에 있습니다. 사건 자체가 아니라 그것을 둘러싼 사회적 해석과 기억의 방식이 이미지를 규정합니다.

이미지는 순간적 인상으로 머무르지 않습니다. 한 번 형성된 이미지는 공동체의 기억 속에 축적되며, 이후의 판단과 태도에 영향을 미치는 역사적 힘으로 작동합니다. 특정 기업이 부실공사로 인한 불신은 시간이 흘러도 쉽게 지워지지 않고, 새로운 성과에도 그림자처럼 따라붙습니다. 반대로 긍정적 이미지는 사회적 신뢰를 확대하고 산업 전체에 우호적인 기반을 마련합니다. 이처럼 이미지는 단지 보이는 표정이 아니라, 사회적 행동을 끌어내는 잠재적 동력입니다.

거울이라는 비유는 이미지를 이해하는 데 유효합니다. 거울은 현실을 있는 그대로 비추는 것 같지만, 사실은 빛과 각도의 조건에 따라 전혀 다른 모습이 드러납니다. 사회적 이미지도 마찬가지입니다. 그것은 사실을 반영하는 동시에, 보는 이의 관점과 시대적 맥락에 따라 달라지는 굴절된 모습입니다. 그리고 그 거울은 단순히 반사하는 데 그치지 않고, 사람들의 태도와 선택을 되비추어 현실을 변화시키는 힘이 됩니다.

이처럼 이미지는 과거의 흔적을 보여주는 수동적 그림자가 아니라, 현재와 미래를 움직이는 능동적 에너지입니다. 긍정적 얼굴은 산업과 사회를 지지하는 자원이 되고, 부정적 얼굴은 규제와 압력으로 되돌아옵니다. 결국 이미지는 단순한 평가의 결과가 아니라, 산업과 사회가 서로 맺는 관계의 역동성을 드러내는 살아 있는 거울이자 힘입니다.

한국 현대사 속에 새겨진 건설의 이미지

한국 현대사 속 건설의 이미지는 시대마다 서로 다른 얼굴을 보여주었습니다. 그것은 단순한 산업의 기록이 아니라, 사회가 무엇을 꿈꾸고 무엇을 두려워했는지를 드러내는 집단적 기억이었습니다.

광복과 전쟁 이후 재건의 시기, 건설은 무너진 폐허 위에서 다시 일어설 수 있다는 희망의 상징이었습니다. 다리를 놓고 집을 세우는 일은 생존의 조건을 충족시키는 동시에 공동체가 여전히 살아 있다는 증거였습니다. 건설은 사회 전체를 묶어주는 버팀목이자 다시 시작할 수 있다는 믿음으로 기억되었습니다. 당시 건설 현장은 단순한 노동의 공간이 아니라, 가족과 이웃이 함께 생존을 모색한 연대의 현장이기도 했습니다.

1960년대 이후 본격화된 고도성장의 시기, 건설은 국가 발전의 엔진으로 자리했습니다. 고속도로, 댐, 신도시와 산업단지는 단순한 시설이 아니라 국가 지도자의 비전과 국민적 열망이 구체화 된 얼굴이었습니다. 그러나 성장의 영광은 환경 파괴와 불평등이라는 그늘과 함께 각인되었습니다. 자부심과 불편함이 동시에 남은 시기였으며, 한 세대의 기억 속에는 "잘 살아보세"라는 구호와 함께, 삶의 터전이 사라진 아픔이 함께 새겨졌습니다.

1980년대 후반 민주화와 시민사회의 성장과 함께 건설의 얼굴은 크게 달라졌습니다. 주택 공급과 토목사업은 편리와 풍요를 제공했지만, 동시에 투기와 불평등을 심화시켰다는 비판을 받았습니다. 성수대교와 삼풍백화점 붕괴와 같은 사건은 건설을 부실과 불신의 상징으로 남겼습니다. 이 시기 건설의 이미지는 성취와 불신이 얽혀 있는 복합적 얼굴로 굳어졌고, 산업 전체의 신뢰가 얼마나 취약한 기반 위에 서 있는지를 드러냈습니다.

21세기 들어 건설은 지속가능성과 책임의 시험대 위에 서게 되었습니다. 기후위기와 안전 문제, 사회적 책임이 핵심 기준이 되었고, 친환경 건축과 도시 재생은 새로운 가능성을 보여주었습니다. 그러나 반복되는 안전사고는 긍정적 이미지를 무너뜨리고 부정적 인식을 강화했습니다. 오늘날 건설은 더 이상 단순한 성장의 증거가 아니라, 사회가 신뢰와 공존을 시험하는 거울이 되었습니다.

이처럼 건설의 이미지는 희망, 자부심, 불신, 그리고 공존과 책임이라는 서로 다른 얼굴로 변해왔습니다. 그 변화는 각 시대의 사회적 요구와 가치가 무엇이었는지를 드러내는 기록이자, 집단적 기억 속에 남은 건설의 자화상이기도 합니다.

어떤 건설의 얼굴을 남길 것인가?

과거의 이미지를 돌아본다면, 이제 물어야 할 질문은 분명합니다. 앞으로 건설은 어떤 얼굴로 남아야 할까요? 건설은 단순한 구조물이 아니라 당대 사회가 품었던 가치와 질문을 증언하는 문화적 기록이자 문명의 초상입니다. 우리가 오늘 짓는 풍경은 시간 너머 미래 세대에게 건네질 얼굴입니다.

이미지는 신뢰의 거울입니다. 한 시대의 건설이 희망으로 남은 것은 그 속에서 공동체가 신뢰를 보았기 때문이고, 불신으로 어두워진 것은 신뢰가 무너졌기 때문입니다. 따라서 건설의 얼굴은 자본의 규모나 기술의 높이가 아니라 사회와 맺는 관계의 깊이에서 결정됩니다.

건설산업의 이미지 제고는 단순한 홍보 전략이 아닙니다. 신뢰가 없으면 성취도 정당하게 평가받지 못합니다. 이미지는 사회가 산업을 지지할지, 혹은 규제와 압력으로 대응할지를 결정하는 바탕입니다. 긍정적 얼굴은 정당성과 지지를 떠받치지만, 부정적 얼굴은 산업 전체의 기반을 흔드는 신호가 됩니다.

무엇보다 건설의 얼굴은 미래 세대와 직결된 약속입니다. 오늘

남기는 건축물과 기반 시설은 단순한 성과가 아니라, 다음 세대가 살아갈 무대이자 기억의 풍경이 됩니다. 안전과 존엄, 지속가능성과 신뢰의 얼굴로 남는다면 그것은 자부심의 유산이 되겠지만, 불신과 갈등의 얼굴로 남는다면 짐이 되어 대물림될 것입니다.

따라서 지금 필요한 것은 건설을 다시 사유하는 태도입니다. 건설을 경제 지표를 채우는 산업으로만 보는 낮은 시선에서 벗어나, 인간의 존엄을 지키는 터전이자 사회적 신뢰를 새기는 기념비, 미래 세대에 물려줄 문화적 유산으로 바라보는 높은 시선이 필요합니다. 이미지 향상이란 외형을 교체하는 일이 아니라 사고의 전환입니다.

앞으로 건설이 남겨야 할 얼굴은 분명합니다. 그것은 안전과 존엄을 보장하고, 환경과 공존하며, 다음 세대가 신뢰할 수 있는 얼굴입니다. 불신의 얼굴은 짐이 되지만, 신뢰의 얼굴은 희망의 토양이 됩니다. 우리의 길과 다리, 건물과 광장이 언젠가 다음 세대의 기억 속에서 희망의 풍경으로 남기를, 그리고 그 위에서 새로운 꿈이 다시 펼쳐지기를 기대합니다. 그것은 바람이 아니라 지금 우리가 함께 만들어가야 할 책임이자 미래를 향한 약속입니다.

체질개선,
건설산업의 미래 언어

체질개선, 장수의 조건

건설산업의 혁신을 논하는 자리에서는 '체질개선'이라는 표현이 자주 등장합니다. 체질개선은 단기적 증상 완화가 아니라 생활 습관과 기질을 바꾸어 장기적 건강의 토대를 세우는 것을 뜻합니다. 단기 치료와 달리 시간과 노력이 필요하며, 일상의 작은 습관까지 바꿔야 가능합니다. 그래서 체질개선은 단순한 회복이 아니라 삶의 방식을 전환하는 일이라 할 수 있습니다.

우리는 흔히 병이 생기면 증상에 집중합니다. 하지만 증상이 사라졌다고 근본 원인이 해결된 것은 아닙니다. 같은 환경과 습관이 유지된다면 병은 되풀이됩니다. 반대로 체질이 개선되면 작은 병은 스스로 극복되고, 삶의 리듬은 안정되며, 무엇보다 미래로 나아갈 힘이 생깁니다. 건강이란, 단순히 병이 없는 상태가 아니라 스스로 회복하는 힘을 지닌 상태라는 점을 잘 보여줍니다.

건설산업도 이와 다르지 않습니다. 성장 지표를 달성하고 기술을 도입하더라도 내면의 구조와 문화가 바뀌지 않으면 위기는 반복됩니다. 호황기의 성과도 불황이 닥치면 취약한 기반이 드러납니다. 체질이 건강하지 않으면 제도나 기술의 힘도 오래가지 못합니다. 이는 단순한 성과가 아니라 산업의 존재 방식, 즉 체질의 문제입니다.

따라서 체질개선은 산업의 '몸'을 새롭게 설계하는 일입니다. 그것은 단기 처방이 아니라 장기적 회복력과 지속성을 기르는 과정이며, 산업이 단순히 오래 버티는 것을 넘어 미래 세대와 함께할 힘을 확보하는 길입니다. 장수의 조건은 바로 여기에 있습니다. 체질개선은 산업이 일시적 성과를 넘어 긴 시간 동안 사회와 공존하며 책임을 다할 토대를 마련하는 과정입니다. 그리고 결국, 건설산업이 다음 세대에게 어떤 유산을 남기고 어떤 언어로 자신을 설명할 것인가라는 더 큰 질문으로 이어집니다.

건설산업 체질개선, 필요성과 그 조건들

체질은 위기 상황에서 진가를 드러냅니다. 평소에는 감춰져 있던 약점이 큰 충격이 닥치면 드러나고, 건강한 체질은 빠르게 회복하지만, 취약한 체질은 작은 충격에도 쉽게 무너집니다. 위기 앞에서 체질의 깊이가 그대로 드러나는 것입니다.

건강한 체질은 단순히 버티는 힘에 그치지 않습니다. 회복 과정에서 더 큰 도전을 수용하고, 새로운 리듬을 만들어내는 힘을 가집니다. 안정된 체질 위에서는 미래를 설계할 수 있지만, 취약한 체질 위에서는 매번 위기에 흔들리며 현재를 수습하는 데 급급합니다. 중요한 점은, 건강한 체질은 위기를 피하는 능력이 아니라 위기를 자양분으로 삼아 성장하는 힘을 의미한다는 사실입니다.

건설산업도 이 원리를 벗어나지 않습니다. 사건·사고가 터질 때마다 규제와 제도가 강화되었지만, 그것이 산업의 힘을 근본에서 길러주지는 못했습니다. 규제는 응급 처치일 수 있지만 체질을 바꾸는 장기 해법은 되지 못했습니다. 산업이 장수하려면 증상 대응에 머무르지 않고 체질 자체를 새롭게 세우는 전환이 필요합니다. 이는 위기를 단순히 피하는 전략이 아니라, 위기를 기회로 바꾸는 적응력과 회복력을 기르는 과정입니다.

체질개선의 필요성은 산업과 사회의 관계에서도 드러납니다. 건강한 산업은 공동체의 신뢰를 얻고 위기 속에서도 함께 회복할 수 있습니다. 반대로 취약한 체질은 작은 사건에도 불신을 키우고, 결국 존속의 기반마저 약화됩니다. 신뢰는 건강한 체질에서 비롯되며, 신뢰 없는 산업은 오래 버티기 어렵습니다.

체질개선을 가능하게 하는 조건도 여기에 있습니다. 위기 속에서도 신뢰를 지키려면 의사결정과 책임의 과정이 투명하고 정직해야 합니다. 문제를 외부 요인으로 돌리지 않고 스스로의 체질을 직시하는 책임성이 뒤따라야 하며, 작은 개선이 생활화되는 지속성이 필요합니다. 마지막으로, 산업은 사회와의 연결 속에서 존재 이유를 다시 묻고 함께 살아갈 공공성을 확보할 때 비로소 힘을 얻게 됩니다.

결국 체질개선은 단순히 효율성을 높이는 일이 아니라, 건설산업이 사회 속에서 어떤 자리와 의미를 차지할 것인지를 다시 묻는 과정입니다. 그것은 위기 앞에서 흔들리지 않는 것을 넘어, 더 깊고 튼튼하게 뿌리내리는 조건을 마련하는 일입니다.

겉모습을 넘어, 건설산업 체질개선의 본질

체질개선이 필요하다면, 그것은 무엇을 뜻할까요? 건설산업의 체질개선은 단순히 제도와 기술을 도입하는 일이 아닙니다. 안전사고가 발생할 때마다 규제가 강화되고, BIM과 같은 기술이 도입되기도 했지만, 그것들이 형식적 준수나 효율성에 머무른다면 체질은 달라지지 않습니다. 겉으로 드러나는 장치가 아무리 화려해도, 그 바탕의 질서와 태도가 바뀌지 않으면 산업의 결은 변하지 않습니다. 결국 체질개선은 도구가 아니라 그것을 활용하는 태도에 달려 있으며, 가치관이 바뀌지 않으면 제도와 기술은 공허하게 흩어질 뿐입니다.

그렇다면 체질개선은 구체적으로 어디에서 드러날까요? 산업을 이루는 구조와 문화, 그리고 가치와 사고방식의 차원에서 그 의미가 선명하게 나타납니다.

구조 차원의 체질개선은 산업의 뼈대를 바로 세우는 일입니다. 발주와 입찰, 계약의 질서는 공정성과 투명성을 드러내고, 비용의 산정과 배분은 책임과 신뢰를 드러내며, 인력과 기술의 순환은 지속성과 혁신을 가능하게 합니다. 이 구조가 제대로 서야 산업은 회복과 성장의 기반을 갖게 되고, 왜곡되면 전체가 흔들리게 됩니다.

문화 차원의 체질개선은 습관과 태도를 바꾸는 일입니다. 안전을 비용이 아니라 존엄으로 인식하는 순간, 산업은 규제를 넘어 공동체의 생명을 지키는 체질을 갖추게 됩니다. 단기 성과 중심에서 지속과 책임 중심으로의 전환 또한 단순한 습관의 조정이 아니라, 미래를 설계하는 방식 자체가 달라지는 체질개선입니다.

가치와 사고방식 차원의 체질개선은 산업을 바라보는 눈을 바꾸는 일입니다. 건설을 단순한 경제 행위로만 보던 시각에서 벗어나야 합니다. 건설이 사회적 신뢰를 구축하고 미래 세대를 위한 투자로 이해될 때, 산업은 건강한 체질을 가질 수 있습니다. 이윤은 필요하지만, 그것이 공공성과 지속가능성으로 이어질 때 산업은 더 튼튼해집니다.

따라서 체질개선은 겉모습을 고치는 일이 아닙니다. 그것은 산업이 어떤 질서를 따르고, 어떤 문화와 가치로 미래를 꿈꾸는지를 다시 묻고 세우는 과정입니다. 내면과 외면이 함께 달라질 때, 체질개선은 산업의 진정한 힘으로 자리 잡습니다.

체질개선의 걸림돌

건설산업의 체질개선은 끊임없이 말해져 왔지만, 실제로는 발걸음을 떼기가 쉽지 않았습니다. 겉모습만 고치는 구조적 처방, 과거로 되돌아가려는 문화적 습성, 근본을 묻는 성찰의 부재가 그 길을 더디게 한 원인 중 일부일 것입니다.

구조적 처방은 사건·사고가 발생할 때마다 규제와 제도를 손질하는 방식으로 드러났습니다. 그러나 이는 문제의 뿌리를 건드리지 못한 채 표면을 봉합하는 데 머물렀습니다. 제도 개편이 새로운 길을 여는 듯 보이지만, 시간이 지나면 다시 익숙한 방식으로 되돌아가는 경우가 많았습니다. 이런 반복은 현장의 피로감을 키우고, 전환의 가능성을 약화시켰습니다. 체질을 근본에서 바꾸기보다는 증상을 관리하는 임시방편에 머물렀던 것입니다.

문화적 관성은 깊게 자리 잡고 있습니다. 안전을 비용으로만 보는 태도, 단기 성과에 집착하는 분위기는 새로운 시도가 도입되더라도 곧바로 기존 관행 속에 흡수됩니다. 문화는 눈에 잘 보이지 않기에 변화의 동력은 쉽게 소진되고, 작은 개혁은 체질을 바꾸기 전에 힘을 잃습니다. 문화는 공기와 같습니다. 늘 곁에 있지만 평소에는 의식되지 않고, 위기 상황에서야 그 힘이 분명히 드러납니다. 결국 문화적 관성은 단순한 습관이 아니라, 산업이 무엇을 가치로 삼는지를 비추는 거울이 됩니다.

성찰의 부재는 또 다른 걸림돌입니다. 산업이 스스로에게 "어떻게 이 길을 가야 하는가?"라는 질문을 던지지 못할 때, 변화는 외부의 강요로만 이루어집니다. 그런 변화는 잠시 성과를 내더라도 깊은 전환으로 이어지지 못합니다. 성찰 없는 개혁은 방향을 잃고, 성찰 없는 제도는 껍데기에 그치기 쉽습니다. 이는 마치 항로를 점검하지 않은 채 바람에 밀려가는 배와도 같습니다. 순간적으로는 움직이지만, 어디로 가야 할지 모른 채 표류하는 셈입니다.

이 세 가지 걸림돌은 결국 같은 뿌리에서 비롯됩니다. 산업은 근본에 대한 질문을 회피했고, 변화의 순간마다 익숙한 길을 선택했습니다. 산업의 체질 속 깊이 자리한 습관과 관성이 새로운 가능성을 가로막아 온 것입니다. 그렇기에 체질개선을 위해서는 제도나 기술의 손질을 넘어, 이 뿌리 깊은 관성을 직시하고 바꾸려는 용기가 필요합니다. 변화의 걸림돌을 넘어서는 일은 단순한 제도 개혁이 아니라, 산업 자신을 스스로 다시 묻고 성찰하는 데서 시작됩니다.

체질개선의 디딤돌

그렇다면 걸림돌을 넘어설 길은 어디에서 비롯될까요? 체질개선을 가능하게 하는 다섯 가지 토대를 떠올려 볼 수 있습니다. 성찰,

연대, 지속, 문화, 그리고 사유와 실천의 결합입니다. 이들은 정답이라기보다, 우리가 오래 묻고 있던 질문에 다가가는 다섯 개의 실마리와도 같습니다.

성찰은 외부의 강제가 아니라 내부에서 비롯됩니다. 산업은 스스로 어떻게 나아가야 하는지를 성찰할 때, 변화는 강제가 아니라 자율의 울림으로 다가옵니다. 이러한 성찰은 단순히 존립 이유를 확인하는 데 그치지 않고, 앞으로 어떤 방식과 태도로 사회와 관계 맺을지를 분명히 하게 합니다. 작은 성찰이 쌓여 어느 순간 산업 전체의 태도를 바꿀 수 있다는 사실은, 인간과 사회가 본래 방법을 성찰하는 과정을 통해 성장한다는 점을 다시 일깨워 줍니다.

연대는 책임을 나누는 것이 아니라 함께 짊어지는 경험에서 태어납니다. 발주자, 기업, 기술자, 노동자, 시민, 정부가 경계를 조금씩 낮출 때 신뢰라는 눈에 보이지 않는 자산이 서서히 자라납니다. 그것은 계약 조항으로만 보장되지 않고, 공동의 무게를 견뎌내는 체험 속에서 생겨나는 힘입니다.

지속은 인내라는 다른 이름을 갖습니다. 조급함을 넘어서는 호흡, 장기적 안목 속에서 만들어지는 리듬은 산업을 단단하게 합니다. 사람의 몸이 하루아침에 바뀌지 않듯, 산업도 오랜 시간에 걸쳐 조금씩 달라집니다. 꾸준히 쌓이는 걸음들이 결국 체질을 바꾸어 온다는 점에서, 지속은 단순한 시간이 아니라 의미 있는 시간의 축적을 뜻합니다.

문화는 눈에 잘 보이지 않지만, 모든 것을 물들입니다. 안전을 존중하는 태도, 투명성을 중시하는 언어, 사람을 존엄하게 대하는 습관이 일상에 스며들 때 변화는 삶의 방식이 됩니다. 법과 제도는 순간을 규율하지만, 문화는 그 규율을 생활 속에 정착시킵니다. 변화가 생활이 될 때 체질은 진정으로 바뀌었다고 말할 수 있습니다.

사유와 실천의 결합은 또 하나의 디딤돌입니다. 생각만 있고 행동이 없으면 공허하고, 행동만 있고 생각이 없으면 방향을 잃습니다. 그러나 이 두 가지가 서로를 비추며 이어질 때 변화는 살아 있는 힘을 얻습니다. 현장의 경험이 다시 질문으로 돌아오고, 그 질문이 또 다른 실천으로 이어지는 순환 속에서 산업은 자신을 새롭게 발견합니다.

체질개선은 구조와 문화, 가치와 사고방식의 차원에서 드러납니다. 공정성과 신뢰, 존엄과 책임, 지속과 혁신이 어우러질 때 산업의 뼈대와 결이 건강해집니다. 이러한 토대가 마련되어야 작은 변화가 흩어지지 않고 미래를 향한 힘으로 쌓일 수 있습니다.

따라서 체질개선은 단순한 과제가 아닙니다. 그것은 건설산업이 어떤 언어로 자신을 설명하고, 어떤 가치로 미래와 대화할지를 새롭게 성찰하는 과정입니다. 이 길을 걸을 때 건설산업은 더 자신 있게 다음 세대와 미래를 함께 나눌 수 있을 것입니다.

건설산업의 변화를 이끄는 사유, 사유를 자극하는 변화

변화와 사유, 순환적 진화

"새로운 사유가 변화를 이끌까요,
아니면 변화가 새로운 사유를 촉발할까요?"

변화와 사유는 문명의 두 축이자, 서로를 비추는 거울입니다. 변화는 기술 혁신이나 제도 개편처럼 가시적으로 드러나지만, 그 바탕에는 늘 세계를 이해하려는 사유가 있습니다. 반대로 새로운 사유는 변화를 촉발해 산업과 사회를 다른 길로 이끕니다. 중요한 것은 둘이 일방적이지 않고 서로를 자극하며 순환적으로 진화한다는 점입니다.

르네상스는 사유가 변화를 이끈 대표적인 사례입니다. 신神 중심 가치관에서 벗어나 인간人間 중심 인문주의가 확산되자 예술과 과학, 건축 전반에 새 활력이 일었습니다. 피렌체 대성당의 돔은 고대 원리를 되살리되 새로운 공학을 결합해 인간 창조성의 상징이 되었고, 레오나르도 다빈치는 예술과 과학을 아우르는 사고를 구현했습니다. 사유의 전환이 구체적 혁신으로 이어진 장면입니다.

반면 산업혁명은 변화가 먼저였습니다. 증기기관과 기계화가 생산 방식을 뒤흔들고 도시화와 불평등이 사회를 흔들자, 마르크스의 노동 이론과 사회주의 사상과 같은 새로운 사유가 태어났습니다. 열악한 노동 현실은 노동운동과 사회 개혁의 토대가 되었고, 19세기 말 독일 비스마르크의 사회보험과 20세기 복지국가로 이어졌습니다. 기술적 변화가 사회철학을 낳고, 그 사유가 다시 제도와 정치 구조를 바꾼 것입니다.

이 두 사례는 사유가 없는 변화는 방향을 잃고, 변화가 없는 사유는 현실을 움직이지 못한다는 사실을 보여줍니다. 건설산업 역시 그 순환의 한가운데에 놓여 있습니다. 산업화 시기에는 고속도로와 아파트가 빠르게 세워졌고, 안전과 환경, 공동체에 대한 사유는 뒤따랐습니다. 오늘은 흐름이 달라졌습니다. 지속가능성, 안전, 신뢰와 같은 가치가 사회적 요구로 부상하면서 산업의 변화 방향을 새롭게 이끌고 있습니다.

따라서 건설산업의 길은 변화와 사유를 분리하지 않는 데 있습니다. 변화가 던지는 질문을 성찰하고 해석해 더 깊은 답을 제시하는 것, 그것이 산업이 방향을 잃지 않고 미래를 설계하는 첫걸음입니다.

건설산업을 움직이는 네 가지 변화

오늘날 건설산업의 변화는 단순한 기술 혁신이나 제도 개편을 넘어섭니다. 그것은 산업의 정체성과 존재 이유를 다시 묻는 거대한 흐름으로 다가오고 있습니다. 표면적으로는 새로운 장비, 제도, 기술이 도입되는 것처럼 보이지만, 그 이면에는 사회가 건설을 바라보는 시선이 달라지고 있습니다. 과거 건설이 '공간과 구조물을 짓는 일'로만 인식되었다면, 이제는 "어떤 가치를 실현하는가?"라는 질문 속에서 평가받고 있습니다.

디지털화는 그 대표적 흐름입니다. BIM, 드론 측량, 디지털 트윈은 단순히 효율을 높이는 도구가 아니라 사회가 요구하는 투명성과 신뢰의 증거가 됩니다. 과거 현장이 '전문가의 감'과 '경험'에 의존했다면, 이제는 모든 과정이 데이터와 근거로 남아 설명이 가능해야 합니다. 금융권의 디지털 뱅킹이 신뢰 확보에 기여하듯, 건설의 디지털화도 산업의 정직성을 뒷받침하는 근거가 됩니다.

기후위기 대응 역시 규제 준수에 그치지 않습니다. 제로에너지 빌딩, 탄소중립 설계, 순환형 자재 활용은 인류가 직면한 지구적 문제 앞에서 건설산업이 수행해야 할 문명사적 책무로 떠올랐습니다. 과거 건설이 성장을 상징했다면, 이제는 환경을 지탱하는 기반으로 인식되고 있습니다. 도시계획, 인프라 설계, 자재 선택 등 모든 단계에서 탄소 배출 절감과 자원 절약이 필수가 된 것입니다.

안전 또한 중요한 전환점입니다. 과거에는 속도와 비용이 우선이었지만, 오늘날 안전은 권리이자 최소 조건입니다. 더 이상 관리 항목이 아니라, 산업이 존재할 자격을 증명하는 기준으로 자리 잡았습니다. 첨단 센서, 모니터링, 교육 프로그램은 단순한 효율 개선이 아니라 생명 존중이라는 절대적 가치를 구현하는 과정입니다.

마지막으로 신뢰와 정당성 확보가 산업 존립의 조건으로 떠올랐습니다. 부정·부패·부실을 극복하지 못한다면 어떤 혁신도 사회적 지지를 얻기 어렵습니다. 제도 개편과 규제 강화는 시작일 뿐이며, 산업이 사회와 맺는 관계의 구조 자체를 다시 설계해야 합니다. 신뢰는 단순한 이미지 관리가 아니라 산업의 존립을 떠받치는 조건이며, 성과를 넘어 과정의 정당한 성취 위에 세워집니다.

이 네 가지 변화는 차원은 다르지만, 모두 건설산업이 사회와 어떤 관계를 맺고 어떤 가치를 증명할 것인가라는 질문으로 모입니다. 결국 산업은 단순히 구조물을 세우는 주체가 아니라, 책임과 신뢰를 짊어지는 사회적 존재로 다시 정의되고 있습니다.

변화와 사유가 남긴 질문

앞서 살펴본 변화의 공통점은 그것이 단순한 외부 압력이 아니라, 시대정신과 사유에서 비롯되었다는 사실입니다. 변화는 어느 날 갑자기 생긴 사건이 아니라 인간과 사회가 오랫동안 던져온 질문이 다른 형태로 나타난 결과입니다. 따라서 변화를 이해하려면 그 배경의 사유를 함께 읽어야 합니다.

디지털화는 단순한 기술 진보가 아닙니다. 그 본질은 "산업은 어떻게 신뢰를 확보할 것인가?"라는 질문에 대한 응답입니다. 데이터와 근거로 운영되는 체계는 불투명성과 의심을 넘어서는 윤리적 선택이며, 신뢰의 언어로 읽힐 때 건설산업은 사회와 다시 소통할 수 있습니다.

기후위기 대응도 단순히 탄소를 줄이는 일이 아닙니다. 그것은 인간과 자연의 관계를 근본적으로 다시 규정하려는 성찰에서 비롯됩니다. "인간은 지구의 주인인가, 아니면 공존하는 존재인가?"라는 질문은 건설산업의 정체성을 바꾸고 있으며, 산업을 경제적 도구가 아니라 인류의 미래를 떠받치는 기반으로 재정의하고 있습니다.

안전 강화 역시 기술적 조치를 넘어섭니다. 안전은 비용이나 관리 차원이 아니라 "산업은 인간 존엄을 어떻게 보장할 것인가?"라는 윤리적 물음에 대한 답입니다. 규정과 장치는 단순 장치가 아니라 사회와 산업이 생명을 존중한다는 약속이며, 이는 산업 존재의 최소 조건입니다.

신뢰와 정당성도 마찬가지입니다. 그것은 사회가 던지는 근본적 질문입니다. "건설산업은 어떤 방식으로 존재하는가?"라는 물음에 답하지 못하면 산업은 승인과 지지를 잃습니다. 그러나 성찰과 응답을 통해 건설산업은 단순한 경제 활동을 넘어 사회적 공공재로 자리 잡을 수 있습니다.

결국 이 네 가지 변화는 언어는 달라도 같은 맥락을 가집니다. 변화는 사유의 결과이자 새로운 사유를 자극하는 질문입니다. 그 질문을 읽어내는 것이, 곧 산업이 정체성을 재확인하는 길입니다. 외면한다면 변화는 압력이 되어 흔들겠지만, 받아들이고 성찰한다면 산업을 더 깊고 넓은 차원으로 이끄는 창조적 동력이 될 것입니다.

사유를 잃은 산업의 위험

변화는 누구에게나 찾아오지만, 그것을 어떻게 해석하느냐에 따라 결과는 크게 달라집니다. 건설산업이 변화의 의미를 읽어내지 못한다면, 혁신과 제도 개편은 산업 외부의 압력에 의해 좌우될 뿐입니다. 산업은 정책과 시장의 요구를 따라가는 수동적 존재로 전락할 위험이 있습니다.

이렇게 되면 산업은 주도권을 잃고, 스스로의 정체성을 설명할 기회마저 놓치게 됩니다. 기술 혁신은 단순한 비용 절감 수단으로 축소되고, 제도 개편은 응급 처치에 머무르게 됩니다. 사회는 건설을 신뢰하지 않게 되고, 정당성은 점차 약화됩니다. 결국 산업은 존재 이유를 증명하지 못한 채 존립 자체가 흔들릴 수 있습니다.

사유를 잃은 산업은 방향을 잃은 배와 같습니다. 순간적으로는 움직일 수 있지만, 어디로 가야 할지 알지 못한 채 표류하게 됩니다. 이는 단순한 경쟁력의 문제가 아니라 사회적 지지를 상실하는 더 근본적 위기로 이어집니다. 신뢰를 잃은 산업은 더 이상 미래 세대에게 매력적인 일자리를 제공하지 못하고, 사회적 기반을 지탱하는 힘도 약화됩니다. 산업이 단기 성과만 좇는다면, 결국 사회와의 연결망에서 고립되어 스스로의 가치를 축소시키는 결과를 낳습니다.

역사 속에서도 이러한 위험은 확인됩니다. 산업혁명 초기, 기술 변화는 빠르게 일어났지만, 사회적 사유와 제도적 준비가 뒤따르지 못했습니다. 그 결과 노동 착취와 불평등, 사회적 갈등이 심화되었고, 산업은 오히려 자신을 스스로 위협하는 문제를 낳았습니다. 사유가 부재한 변화가 혼란으로 이어진 대표적 사례라 할 수 있습니다. 이는 사유 없는 혁신이 결국 사회적 저항과 제도적 한계를 불러왔음을 보여줍니다.

오늘날 건설산업이 직면한 변화도 다르지 않습니다. 디지털화, 기후위기, 안전, 신뢰와 정당성이라는 흐름은 단순한 제도적 순응으로는 감당할 수 없습니다. 변화가 던지는 질문을 해석하고 사회와 함께 답을 찾을 때만 산업은 존립 기반을 지킬 수 있습니다. 사유 없는 산업은 변화의 흐름 속에서 밀려다니며, 미래를 설계할 힘을 잃게 됩니다. 결국 사유를 회복하는 것은 단순한 선택이 아니라, 건설산업이 스스로의 존재를 설명하고 사회와 함께 미래를 열어 가기 위한 생존의 조건입니다.

변화와 사유가 그려내는 길

변화와 사유는 늘 서로를 자극하며 문명을 앞으로 이끌어왔습니다. 건설산업 또한 이 순환 구조 속에서 스스로의 길을 찾아야 합니다. 단순히 변화를 수용하는 수동적 태도에 머물러서는 안 됩니다. 변화를 해석하고, 그 의미를 설계하며, 새로운 기준을 제시하는 능동적 주체로 나설 때 비로소 산업은 존재의 가치를 지켜낼 수 있습니다.

디지털화는 단순히 효율성을 높이는 도구로 머무를 수 없습니다. 그것은 사회가 요구하는 신뢰와 투명성을 증명하는 체계로 활용되어야 합니다. 기후위기 대응 역시 규제를 피하기 위한 수단이 아니라, 인간과 자연의 관계를 새롭게 정립하는 문명적 전환의 계기로 읽혀야 합니다. 안전은 더 이상 관리 지표가 아니라 인간 존엄을 지키는 절대적 잣대이며, 신뢰와 정당성은 산업 존립을 허락하는 사회적 합의로 이해되어야 합니다. 이 네 가지 변화는 기술과 제도를 넘어선 질문을 던지고 있으며, 그 질문에 어떻게 답할 것인가가 산업의 미래를 좌우합니다.

이 질문을 해석하고, 그에 신뢰할 만한 답을 내놓는 능력이야말로 건설산업의 가장 중요한 경쟁력이 될 것입니다. 사유 없는 변화는 방향을 잃고 흩어지지만, 사유를 품은 변화는 산업을 한 단계 더 깊은 차원으로 이끕니다. 변화가 곧 사유의 다른 표현이라는 사실을 인식할 때, 산업은 단순한 대응자가 아니라 길을 제시하는 안내자가 될 수 있습니다.

건설산업이 변화와 사유의 주도권을 잃는 순간, 산업은 과거의 관행에 머물며 사회적 신뢰를 잃을 위험에 놓입니다. 그러나 변화를 해석하고 사유를 선도하는 주체로 설 때, 건설산업은 사회적 지지와 함께 지속가능한 미래를 열 수 있습니다.

결국 건설산업이 가야 할 길은 사유의 깊이를 통해 변화를 설계하는 데 있습니다. 기술적 성취만으로는 충분하지 않습니다. 사회가 던지는 질문을 성찰하고 그에 대한 해답을 제시하는 힘, 바로 사유야말로 산업이 다음 세대와 함께할 토대를 마련하는 기반이 됩니다. 변화와 사유는 서로에게 길을 열어주는 두 축이며, 그 축을 붙잡는 순간 건설산업은 단순히 현재를 유지하는 산업이 아니라, 미래를 향한 방향을 선명하게 제시하는 산업으로 거듭날 것입니다.

변화의 문턱,
건설의 새로운 질서를 세우다

건설산업은 지금 거대한 전환의 시기를 지나고 있습니다. 기술 혁신과 사회 인식의 변화, 산업 구조의 재편이 맞물리며 건설의 방향과 정체성을 새롭게 정의하고 있습니다. 디지털 전환, 기후위기 대응, 인구 변화는 건설의 개념 자체를 다시 쓰게 만듭니다. 변화는 외부의 압력에서 시작되었지만, 지속되는 변화는 언제나 사유에서 비롯됩니다. 외부의 개혁이 일시적 반응이라면, 사유에서 비롯된 변화는 존재의 전환으로 이어집니다.

건설의 위상은 과거보다 낮아졌지만, 그 이유는 단순한 경기 문제가 아닙니다. 산업의 본질과 역할이 시대의 가치에 맞게 갱신되지 못했기 때문입니다. 과거에는 성장과 속도가 힘이었다면, 이제는 신뢰와 책임, 존엄이 그 자리를 대신합니다. 산업이 여전히 과거의 성공 방정식에 머문다면 사회의 신뢰는 멀어질 것입니다. 이제 건설은 크기와 속도의 경쟁을 넘어 지속가능성과 공공성, 신뢰의 언어를 배워야 합니다. 사회적 신뢰를 회복하려면 숫자의 언어가 아니라 인간의 언어로 말할 줄 알아야 합니다.

건설산업의 변화는 단순한 체질개선이 아니라 존재 방식의 전환을 의미합니다. 규제와 혁신, 효율과 윤리 사이의 균형은 경영의 기술이 아니라 철학의 선택입니다. 새로운 기술이 형태를 바꾸더라도 윤리와 책임을 담지 못하면 변화는 지속될 수 없습니다. 산업이 다시 사회와 소통하기 위해서는 변화를 이끄는 지혜와 사유의 깊이가 필요합니다. 사유 없는 혁신은 방향을 잃고, 철학 없는 효율은 신뢰를 잃습니다. 변화는 외형의 재편이 아니라, 정체성을 새롭게 써 내려가는 과정입니다.

변화의 출발점은 기술이 아니라 사유의 깊이에 있습니다. 변화는 기술 혁신보다 인식의 혁신에서 시작됩니다. 사유가 변화를 이끌고, 변화가 다시 사유를 자극할 때 건설은 사회적 신뢰의 기반이 됩니다. 산업이 자신을 스스로 다시 정의할 때 변화는 문화가 되고 습관이 되어 지속가능한 시스템으로 자리 잡습니다. 진정한 변화란 제도를 바꾸는 것이 아니라 생각의 틀을 새롭게 세우는 일입니다.

이제 우리는 변화의 끝에서 다시 묻습니다. “이 전환이 향해야 할 궁극의 목적은 무엇인가?” 변화는 수단이 아니라 존재를 더 나은 방향으로 이끄는 과정이어야 합니다. 기술이 인간을 대체하는 것이 아니라 인간의 존엄을 확장할 때 변화는 의미를 얻습니다. 건설의 변화 또한 생존이 아니라 사유의 깊이를 통한 성숙이어야 합니다. 그 물음은 산업의 운명으로 이어지며, 변화의 끝은 건설이 어떤 정신으로 미래를 짓느냐에 달려 있습니다.

건설산업의 운명을 사유하다

운명은 주어지는 것이 아니라, 선택과 성찰로 빚어집니다.

건설산업이 맞이한 시대정신의 전환 속에서
그 운명을 어떻게 새롭게 설계할 수 있는지를 사유합니다.

사양과 쇠퇴의 언어를 넘어, 신뢰와 윤리의 토대 위에서
산업이 다시 사회와 호흡할 수 있는 길을 찾습니다.

건설의 운명을 결정짓는 보이지 않는 힘을 성찰하며,
건설이 단순한 산업을 넘어 문명의 기반이 될 가능성을 탐구합니다.

이 마지막 여정은 산업의 운명을 끌어올리는 사유의 자리이자,
건설이 미래의 인간과 사회를 비추는 거울이 되는 길을 열 것입니다.

시대정신과 건설산업, 새로운 언어를 다시 묻다

시대정신을 읽는 힘, 산업의 미래를 여는 길

자이트가이스트Zeitgeist, 시대정신時代精神은 독일 철학에서 비롯된 개념으로, '자이트'는 시간과 시대를, '가이스트'는 정신과 영혼을 뜻합니다. 문자 그대로는 '시대의 정신', 즉 한 시대를 지배하는 의식과 가치, 집단적 사유의 구조를 말합니다. 이 개념은 독일 사상 전통 속에서 문학과 철학을 통해 널리 퍼졌으며, 이후 역사 발전을 이끄는 보이지 않는 힘으로 이해되었습니다. 시대정신은 사회가 어떤 미래를 선택하고 어떤 방향으로 나아갈지를 결정짓는 지표로 작용해 왔습니다.

이 시대정신은 국가와 사회를 넘어 산업의 미래를 좌우하는 동력으로 작용합니다. 한 시대의 가치관은 법과 제도를 바꾸고, 정책과 투자 흐름을 재편하며, 기업의 전략과 기술의 방향까지 바꿉니다. 디지털화가 새로운 가치로 부상하던 시기에 정보기술과 네트워크 산업은 폭발적인 성장을 이루며 우리의 일상과 시장 구조를 새롭게 짰습니다. 반면 변화의 감각을 읽지 못한 산업은 쇠퇴했습니다. 시대정신은 기술과 제도를 넘어, 산업이 사회와 어떤 관계를 맺을지를 규정하는 기준이기도 합니다.

국제사회가 기후변화 대응과 지속가능한 발전을 공동의 과제로 삼으면서, '탄소중립'과 '지속가능성'은 전全 지구적 가치로 자리 잡았습니다. 이에 따라 여러 산업이 새로운 패러다임으로 재편되고 있습니다. 이러한 변화는 산업의 구조를 바꾸는 것을 넘어 사회가 공유하는 가치의 체계를 다시 쓰는 과정이기도 합니다. 시대정신은 단순한 유행이 아니라 사회가 함께 만들어 가는 가치의 방향이며, 산업의 흥망을 결정짓는 기준입니다.

시대정신을 인지하고 해석하는 능력은 단순히 환경 변화에 대응하는 기술이 아니라, 존재 방식을 스스로 증명하기 위한 사유의 힘입니다. 산업이 시대정신과 조율할 수 있을 때, 그 산업은 사회 속에서 정당성과 지속가능성을 함께 얻을 수 있습니다.

그 시선으로 건설산업을 바라본다면, 1970~80년대는 국가 발전의 상징이자 자부심의 근원이었습니다. 그러나 그것이 단지 '운이 좋았던 시대'였을까요. 오늘날 건설산업이 덜 주목받는 이유를 '운이 다했기 때문'이라 말한다면, 산업을 환경에 휩쓸리는 수동적 존재로 축소하게 됩니다. 산업의 부침을 단순한 순환의 결과로 받아들인다면, 새로운 사유와 전략은 더 이상 태어날 수 없습니다. 시대정신을 읽는 힘이야말로 산업이 스스로의 길을 개척할 수 있는 첫 번째 조건입니다.

하나였던 길에서 균열로, 시대의 압축된 초상

시대의 생각은 결국 삶의 현장에서 구체적인 모습으로 드러납니다. 한국 현대사에서 건설은 그 시대의 의지와 꿈이 가장 뚜렷하게 구현된 장면이었습니다. 재건기의 건설은 '생존'과 동의어였습니다. 폐허 위에 다리를 놓고 집을 짓는 일은, 곧 공동체의 회복이었고, 사람들은 건설을 통해 다시 일어서는 희망을 보았습니다. 사회와 산업은 같은 언어를 말하며, '짓는다'라는 행위 속에 인간의 존엄과 국가의 의지가 함께 녹아 있었습니다.

그러나 고도성장기의 건설은 양면성을 지녔습니다. 고속도로와 산업단지, 신도시는 발전의 상징이었지만, 그 이면에는 환경 파괴와 불평등의 그림자도 있었습니다. 도시의 불빛이 밝아질수록 농촌의 어둠은 짙어졌고, 속도와 효율이 미덕으로 추앙받으며 건설은 인간의 삶보다 수치를 앞세우는 산업으로 변했습니다. 성장의 속도는 자부심이었지만, 그 끝에 남은 질문은 "그 성장은 누구를 위한 것인가?" 였습니다.

이 무렵부터 사회와 산업이 공유하던 감각은 서서히 어긋나기 시작했습니다. 산업은 여전히 '생산'과 '속도'의 논리로 세상을 설명했지만, 사회는 점차 '삶의 질'과 '공정성'의 언어로 이야기하기 시작했습니다. 1980년대 이후 인권과 시민의식이 확산되면서 사회 전반의 가치 체계가 변했고, 이는 국가 중심의 성장 패러다임을 흔들었습니다. 그 변화 속에서 건설의 존재 방식 역시 새롭게 질문받기 시작했습니다. "무엇을 얼마나 짓는가?"에서 "어떻게, 그리고 어떤 방식으로 존재할 것인가?"로 질문의 초점이 바뀌었습니다.

도시화와 경제성장이 남긴 성취는 분명했습니다. 그러나 환경 훼손, 안전, 노동, 주거 불평등 같은 새로운 의제가 등장하면서 기존의 발전 방식은 설득력을 잃기 시작했습니다. 산업은 여전히 기술과 효율의 논리로 자신을 정당화했지만, 사회는 그 방식 속에서 인간의 존엄과 삶의 질을 묻기 시작했습니다. 같은 현실을 바라보면서도 서로 다른 언어로 세계를 해석하기 시작한 순간, 균열은 깊어졌습니다. 건설의 존재 방식이 사회의 가치와 어긋나기 시작한 것입니다.

이 어긋남은 단순한 이해의 차이가 아니라, 세계를 해석하는 감각이 달라진 사건이었습니다. 과거에는 국가적 목표와 사회적 열망이 하나의 언어로 묶여 있었지만, 이제는 서로 다른 방향을 가리키기 시작했습니다. 산업은 눈앞의 성취를 말했지만, 사회는 그 뒤에 숨은 인간의 표정과 공동체의 윤리를 보려 했습니다. 그때부터 건설은 더 이상 시대정신의 거울이 아니라, 시대의 질문 앞에 서 있는 산업이 되었습니다.

어긋남의 이유, 건설산업이 잃어버린 언어들

시대정신과 건설산업은 한때 같은 언어로 서로를 이해했습니다. 그러나 시간이 흐르며 그 언어의 조율, 즉 서로의 울림과 이해는 점차 희미해졌고, 사회와 산업은 서로 다른 언어를 말하기 시작했습니다. 사회가 새로운 가치의 언어를 말하기 시작했지만, 산업은 여전히 과거의 사유 방식에 머물렀습니다. 그 작은 어긋남이 결국 깊은 균열로 이어졌습니다.

이 균열의 본질은 건설산업이 사회의 언어를 해석하고 번역하는 능력을 잃어버린 데 있습니다. 과거 산업과 사회는 효율과 성장이라는 공통의 언어를 공유했습니다. 그러나 사회가 성장의 그늘 속에서 인간의 삶과 존엄을 이야기하기 시작했을 때, 산업은 여전히 수치와 구조물의 언어로 자신을 설명했습니다. 언어의 단절은 바로 그때 시작되었습니다.

건설산업이 잃어버린 것은 단지 표현의 기술이 아니라, 세계를 바라보는 언어적 감수성이었습니다. 효율과 속도의 경제 언어가 모든 판단의 기준이 되면서, 환경과 안전, 공정의 가치를 담은 윤리의 언어, 사람과 조직의 관계를 유연하게 이어주는 문화의 언어, 그리고 공동체적 책임과 상호 이해를 바탕으로 한 신뢰의 언어가 밀려났습니다. 산업은 경제의 언어에 갇힌 채, 이 세 가지 언어를 점점 소홀히 하게 되었습니다.

빠르고 저렴하게 짓는 것이 능력의 상징이던 시대가 길게 이어졌습니다. 그러나 그 언어는 도시의 질서와 관계의 변화를 담지 못했습니다. 산업이 성과를 말할 때 사회는 그 성과가 남긴 흔적과 상처를 보았습니다. 산업이 결과를 숫자로 제시할수록, 사회는 그 속에서 잃어버린 존엄과 신뢰를 묻기 시작했습니다.

이제 사회는 '얼마나'보다 '어떻게'와 '누구를 위해'를 묻습니다. 그러나 산업은 여전히 이를 비용과 규제로 해석하며 불편함으로 받아들입니다. 오랜 위계와 관행은 새로운 언어의 가능성을 닫았고, 젊은 세대의 언어는 '비현실적 이상'으로 치부되었습니다. 과거의 성공은 신념이 아니라 관성으로 남았고, 변화에 대한 두려움은 산업의 언어를 더 경직시켰습니다.

그 결과 신뢰의 언어는 가장 깊은 층에서 무너졌습니다. 산업이 말하는 언어는 더 이상 사회의 마음에 닿지 않았고, 기술과 성과의 말은 설득력을 잃었습니다. 아무리 완벽한 구조물을 세워도, 그 안의 의미와 책임이 사회의 언어로 번역되지 않는다면 그것은 단단하지 않은 신뢰 위에 세워진 셈입니다.

시대정신과의 단절, 신뢰의 위기

언어의 균열은 결국 관계의 균열로 이어집니다. 산업이 사회와 같은 언어로 자신을 설명하지 못할 때, 대화는 멈추고 신뢰의 틈이 생깁니다. 그때부터 의미는 끊기고, 그 끊김이 곧 신뢰의 지층을 흔듭니다. 신뢰는 단번에 무너지는 것이 아니라, 서로의 말이 조금씩 어긋나는 순간부터 서서히 침식됩니다.

사회는 건설산업이 여전히 과거의 언어로 자신을 설명한다고 느낍니다. 산업이 내세우는 '기술', '효율', '성장'의 언어는 더 이상 사회의 마음을 움직이지 못합니다. 사회는 그 언어 속에서 인간의 얼굴을 찾지 못하고, 산업은 비판을 간섭으로 받아들입니다. 산업이 사회의 감수성과 대화하지 않을 때, 그 고립은 불신으로 이어집니다. 언어가 통하지 않을 때 관계는 멀어지고, 결국 산업의 말은 사회의 귀에 닿지 않게 됩니다.

신뢰의 위기는, 곧 사회적 공감과 울림의 상실로 이어집니다. 과거 산업의 성취는 사회의 환호와 자부심으로 이어졌지만, 이제 그 언어는 울림을 잃습니다. 건설의 성과는 비용 논쟁으로, 기술의 진보는 환경 논란으로 변합니다. 산업이 합리성을 말할수록 사회는 그 이면의 윤리를 묻고, 산업이 논리를 내세울수록 사회는 공감의 부재를 지적합니다. 이해 대신 거리가 생기고, 산업과 사회는 서로를 바라보되 대화하지 않는 관계가 됩니다. 신뢰의 부재는 단순한 오해가 아니라, 서로가 다른 세계관을 말하고 있다는 신호이기도 합니다.

신뢰를 잃은 산업은 자신을 스스로 정당화할 언어를 잃습니다. 기술과 효율이 아무리 높아도, 그것이 사회적 의미로 번역되지 않으면 산업은 공허해집니다. 사회는 기술적 완성보다 윤리적 책임을, 성과의 수치보다 관계의 지속을 더 중요하게 봅니다. 신뢰의 붕괴는 시장의 실패보다 깊은 상처이며, 산업이 존재 방식을 사회 속에서 증명하지 못하는 데서 비롯된 위기입니다. 건설산업이 다시 사회와의 관계를 회복하기 위해서는 기술보다 언어를, 효율보다 의미를 먼저 세워야 합니다. 그것이 무너진 신뢰의 지층을 다시 단단히 다지는 첫걸음이자, 시대정신과 다시 공명共鳴, 즉 서로의 감각과 가치를 조율하며 새로운 관계를 회복하기 위한 출발점이 됩니다.

건설이 다시 묻고 배워야 할 시대의 언어

끊어진 의미를 잇는 일은 기술의 정교화가 아니라 언어의 재구성입니다. 이제 건설산업은 시대의 언어를 단순히 배우는 것을 넘어, 스스로 되묻는 태도를 가져야 합니다. 사회의 질문에 귀 기울이고, 그 질문을 자기 언어로 해석하는 일이야말로 새로운 시대정신과 조율하는 첫걸음입니다.

언어는 존재를 짓습니다. 산업은 자신이 쓰는 언어만큼 세계를 구성합니다. '짓는다'라는 행위는 구조물이 아니라 관계의 틀을 세우는 일입니다. 산업의 언어가 효율과 성과에 머문다면 그 존재 역시 한정됩니다. 따라서 건설산업이 어떤 언어로 자신을 설명하느냐는 그 산업이 어떤 존재로 살아가려 하는가에 대한 대답이 됩니다.

건설산업이 사회와 다시 조율의 관계를 회복하기 위해서는, 기술과 효율을 넘어 새로운 언어를 되묻고 배워야 합니다. 안전은 인권의 최소치, 품질은 신뢰의 반복 가능성, 환경은 세대 간 계약입니다. 건설은 이 세 가지를 기술적 용어가 아니라 사회적 약속으로 다뤄야 합니다. 이것은 외부의 요구가 아니라 산업 스스로 존재 방식을 재정립하는 과정입니다.

이러한 조율은 단순한 공감이 아닙니다. 서로 다른 존재가 각자의 울림으로 상대를 만나 자신을 새롭게 인식하는 관계입니다. 산업과 사회가 서로의 언어를 되묻고 해석하는 과정에서만 진정한 이해가 이루어집니다. 이때 건설은 단순한 생산 산업이 아니라 시대정신을 설계하고 신뢰를 짓는 상징적 산업으로 거듭납니다.

건설의 사명은 공간과 구조물을 만드는 데서 끝나지 않습니다. 그것은 사회의 기억을 담고, 시대의 감각을 반영하며, 미래 세대가 살아갈 토대를 준비하는 일입니다. 진정한 '짓기'는 건물이나 도시를 세우는 데서 멈추지 않습니다. 그것은 사회와 산업이 언어를 되묻고 배우며 울림을 만들어 가는 긴 여정입니다. 시대정신과의 대화는 단순한 생존의 기술이 아니라, 건설산업이 다시 신뢰받기 위해 반드시 걸어야 할 사유의 길입니다. 그 길의 끝에서 건설은 공간을 넘어 관계를 운영하는 인프라로, 구조물 넘어 신뢰를 구축하는 존재로 거듭날 것입니다.

사양산업인가, 전환의 길목인가?

건설산업은 소멸할 수 있는가?

건설산업에 위기가 닥칠 때마다 "이제 사양산업斜陽産業이 된 것은 아닌가?"라는 질문이 뒤따릅니다. 그러나 그보다 먼저 던져야 할 근본적 물음이 있습니다. 과연 건설산업은 소멸할 수 있는 산업인가 하는 것입니다. 만약 소멸할 운명에 놓인 산업이라면, 사양산업인지 아닌지를 논하는 일 자체가 무의미해질 것입니다.

"건설산업이 소멸할 수 있는가?"라는 질문은 단순한 산업의 존폐를 넘어 인류 문명의 지속성과 직결된 물음입니다. 인류는 태초부터 공간을 만들고 구조물을 세우며 삶을 이어왔습니다. 주거는 생존의 조건이고, 도로와 철도는 사회를 잇는 혈관이며, 수도와 전기는 사회를 작동시키는 신경망입니다. 우리가 살아가는 문명은 건설이 만들어 놓은 구조물 위에 서 있습니다. 건설은 문명과 분리될 수 없는 행위이며, 인간이 존재하는 한 결코 사라질 수 없습니다.

역사를 돌아보면 인류는 위기와 재난의 순간마다 건설을 통해 다시 일어섰습니다. 무너진 도시의 복원, 파괴된 다리의 재건, 끊어진 도로의 복구는 언제나 건설의 몫이었습니다. 건설이 없다면 공동체는 흩어지고 사회는 회복 불가능한 상처를 입었을 것입니다. 문명사의 이정표마다 건설의 흔적이 남아 있습니다.

오늘날도 사정은 다르지 않습니다. 기후위기로 인한 해수면 상승과 폭우, 폭염 등과 같은 극한 현상이 빈번한 시대에 건설은 회복력 있는 사회를 구축하는 최전선에 서 있습니다. 탄소중립을 위한 그린 인프라, 기후변화에 대응하는 방재 시스템, 노후한 기반 시설의 재생은 모두 건설의 몫입니다. 이러한 과제는 산업의 영역을 넘어 인류의 생존 조건을 형성합니다. 건설의 책임은 더욱 무거워졌고, 그 필요성은 오히려 커지고 있습니다.

건설은 경제의 부침 속에서도 절대 소멸하지 않습니다. 그것은 문명의 뿌리이자 인간이 세상을 구성하는 가장 근본적 방식입니다. 건설산업은 사라지는 산업이 아니라, 시대와 조건에 따라 형태를 바꾸며 생존을 이어가는 산업입니다. 그러나 그 불멸성에도 불구하고, 사람들은 여전히 건설을 '사양산업'이라 부릅니다. 왜일까요?

사양산업이라는 이름

산업화와 성장의 시대에 건설은 국가 발전의 상징이었습니다. 도로와 철도, 발전소와 공장은 근대화의 다른 이름이었고, 대형 건축물은 사회의 자부심이었습니다. 건설은 '개발'과 '진보'의 언어로 불리며 국가의 전진을 증명했습니다.

그러나 오늘날 건설은 더 이상 그 영광 속에 머물지 못합니다. 산업화의 열기가 식고 성장 중심의 패러다임이 흔들리며, 건설은 과거의 상징이자 낡은 관행의 대명사로 인식되고 있습니다. 한때 미래를 상징하던 산업이 이제는 과거를 대표하는 산업으로 여겨지고 있습니다.

건설산업의 사양화 징후는 곳곳에서 나타납니다. 성장 둔화, 수익성 악화, 인력 부족, 기술 혁신의 지체가 그것입니다. 원자재 가격과 금리 상승, 인건비 부담은 기업의 체력을 약화시키고, 한때 기회의 상징이던 입찰은 이제 위험을 감수해야 하는 선택이 되었습니다. 현장의 피로는 누적되고 활력은 식어가고 있습니다.

성장 둔화와 수익성 악화는 산업의 구조적 한계를 드러냅니다. 도시 확장과 인프라 개발이 수요를 이끌던 시대는 저물었고, 시장은 신축에서 유지·관리 중심으로 옮겨갔습니다. 성장 여력은 줄고 경쟁은 치열해졌습니다. 이익은 얇아지고 리스크는 커졌습니다.

인력 부족도 심각합니다. 고용 유발 효과는 여전하지만, 청년층의 기피는 뚜렷합니다. '힘들고, 위험하고, 미래가 없는 업종'이라는 인식은 현실과 맞닿아 있습니다. 높은 노동 강도와 안전 문제, 불안정한 고용 속에서 젊은 세대는 건설을 떠나고 산업은 고령화로 활력을 잃고 있습니다. 인력의 문제는 단순한 수급이 아니라, 건설이 사회로부터 어떤 의미와 존중을 부여받고 있는가의 문제이기도 합니다.

기술 혁신의 지체도 여전합니다. 스마트 건설, 모듈러, 드론, 디지털 트윈 등 신기술이 등장했지만, 제도적 한계와 현장의 관성이 확산을 막고 있습니다. 더 근본적 위기는 건설이 스스로의 존재 이유를 말하지 못한다는 데 있습니다. 존재의 언어를 잃은 산업은 자부심의 근거를 잃고, 사회의 기반을 떠받친다는 신념이 흔들릴 때,

그 산업은 더 이상 외부의 도전에 맞설 힘을 낼 수 없습니다.

이러한 징후는 단순한 쇠퇴의 증거가 아닙니다. 그것은 변화의 신호이자 산업이 자신을 스스로 돌아보라는 경고입니다. '사양'이라는 이름은 끝을 선언하는 언어가 아니라, 새로운 전환을 요구하는 사회적 메시지입니다. 결국 위기의 징후를 어떻게 해석하느냐가 건설의 운명을 결정짓습니다.

사양산업의 징후, 어떻게 받아들여야 하는가?

앞서 살펴본 징후는 단순한 증상이 아니라, 산업이 자신을 스스로 되돌아보라는 요청이자 도약을 준비하라는 신호입니다. 질병의 증상이 치료의 단서를 품듯, 위기 또한 전환의 실마리를 내포하고 있습니다. 중요한 것은 그 징후를 어떻게 읽을 것인가입니다. 쇠퇴의 언어로 해석할 것인가, 아니면 변화의 언어로 이해할 것인가. 건설산업이 마주한 신호는 산업의 끝을 말하는 것이 아니라, 산업이 자신을 스스로 새롭게 번역하라는 요구일지도 모릅니다. 위기의 언어 속에는 언제나 변화의 씨앗이 숨어 있으며, 그것을 읽어내는 통찰이 곧 새로운 시작의 힘이 됩니다.

역사는 언제나 위기 속에서 새로운 질서를 만들어 왔습니다. 각 시대의 전환기마다 산업은 단순히 구조를 바꾸는 데 그치지 않고, 자신을 규정하는 언어를 새롭게 정의했습니다. 산업의 위기는 곧 사유의 위기였고, 그 사유의 전환이, 곧 새로운 패러다임의 출발점이었습니다. 기술과 제도의 변화는 언제나 생각의 변화에서 비롯되었고, 사유가 달라질 때 산업의 방향도 함께 달라졌습니다. 지금의 위기 또한 다음 시대의 건설이 어떤 모습으로 변해야 하는지를 묻는 말이며, 방향을 제시하는 신호입니다.

수익성 악화는 효율 중심의 구조에서 가치 중심의 구조로의 전환을 요구하고, 인력 부족은 노동의 존엄과 의미 회복을 촉구합니다. 기술 혁신의 지체는 더 이상 변화를 미룰 수 없다는 경고입니다. 이러한 징후는 단지 산업의 내부적 경고음이 아니라, 사회 전체의 인식이 관계 속에서 울려 퍼지는 구조적 신호입니다. 건설의 위기는, 곧 사회가 건설을 바라보는 인식의 위기이기도 하며, 산업이 사회적 존재로서 자신을 어떻게 증명할 것인가 하는 문제이기도 합니다.

따라서 이러한 징후는 단순한 쇠퇴의 징후가 아니라, 산업이 자신을 스스로 재구성하라는 언어적 신호입니다. 건설산업은 지금 '경제의 언어'에서 '의미의 언어'로, '성과의 언어'에서 '가치의 언어'로 이동해야 하는 문턱에 서 있습니다. 건설이 이 신호를 어떻게 해석하느냐에 따라 미래는 전혀 달라질 것입니다. 위기를 두려움의 언어로 읽느냐, 아니면 재창조의 언어로 읽느냐가 산업의 방향을 결정합니다. 징후를 읽는 일은 출발점일 뿐이며, 이제 그 해석을 사유와 실천으로 이어가야 합니다. 변화의 방향은 이미 징후 속에 숨어 있고, 그것을 읽어내는 눈이 곧 산업의 미래를 결정할 것입니다.

시선과 사유의 높이를 바꾸다

징후를 읽는 것만으로는 충분하지 않습니다. 더 근본적 변화는 시선의 높이와 사유의 깊이에서 비롯됩니다. "다시 해보자"라는 용기만으로는 구조적 위기를 넘을 수 없습니다. 같은 시각과 논리로 반복되는 용기는 결국 소모될 뿐입니다. 이제 필요한 것은 단순한 의지의 갱신이 아니라, 세상을 해석하는 프레임 자체의 전환입니다.

단기 성과나 경기 지표로 보면 건설은 사양처럼 보일 수 있습니다. 그러나 시선을 들어 문명사적 맥락에서 보면 이야기는 달라집니다. 건설은 단순한 산업의 일부가 아니라 도시와 사회를 지탱하는 구조이며, 인류의 공존을 가능하게 하는 기반입니다. 건설은 경제의 하위 항목이 아니라 문명의 지속을 매개하는 사회적 언어이며, 인간이 공간을 통해 관계를 맺는 방식 그 자체입니다. 건설의 위기는 산업의 위기가 아니라 문명의 위기입니다. 시선이 달라질 때, 위기의 징후는 불안이 아니라 책임의 신호로 바뀝니다.

사유의 깊이 또한 달라져야 합니다. 지금까지 건설 논의는 비용 구조, 기술 혁신, 인력 수급 등 실무적 차원에 머물렀습니다. 그러나 그것만으로는 근본에 닿지 못합니다. "건설이 왜 존재하는가, 사회적 정당성을 어떻게 회복할 것인가, 미래 세대에 어떤 의미를 남길 것인가?" 이 질문이야말로 산업을 새롭게 일으킬 사유의 깊이를 제공합니다. 얕은 논의가 산업의 방향을 흔들 때, 깊은 사유는 그 뿌리를 지탱합니다. 건설이 다시 길을 찾으려면 기술의 혁신보다 먼저 생각의 혁신이 필요합니다.

그 관점에서 보면 수익성 악화는 가치 재구성의 요청, 인력 부족은 존중의 회복 신호, 기술 혁신의 지체는 변화를 주저하지 말라는 외침입니다. 이 징후는 산업을 향한 사회의 물음이자, 스스로에게 던져야 할 철학적 질문이기도 합니다. 위기의 징후를 이러한 사유의 언어로 읽어낼 때, 위기는 가능성으로 전환됩니다.

건설산업은 소멸할 수 없는 산업이며, 위기의 순간마다 다른 형태로 문명을 지탱해 왔습니다. 지금의 징후도 그 연속선상에 있습니다. 필요한 것은 위기의 언어가 아니라 미래를 준비하는 언어, 즉 사유의 전환에서 비롯된 실천의 언어입니다. 그때 비로소 건설은 산업의 차원을 넘어, 인간과 사회의 관계를 다시 설계하는 창조적 실천으로 자리매김할 것입니다.

사양산업이라는 이름을 넘어

건설산업을 향한 '사양'의 이름은 무겁고 불편합니다. 그러나 그 이름에 갇힐 필요는 없습니다. 사양은 단순히 쇠퇴의 언어가 아니라, 기존 질서와 방식이 더 이상 유효하지 않음을 알리는 신호일 수 있습니다. 다시 말해, 사양의 그림자는 끝의 언어가 아니라 전환의 언어이며, 낡은 의미를 걷어내고 새로운 질서를 요청하는 사회적 징후입니다.

역사는 언제나 위기 속에서 새 질서를 세웠습니다. 오늘 우리가 마주한 도전 또한 또 한 번의 산업 재편을 요구하고 있습니다. 변화의 동력은 언제나 위기의 지점에서 솟아올랐습니다. 이런 흐름 속에서 건설이 사양이라 불리는 것은 단순한 낙인이 아니라, 시대가 산업에 던지는 물음이자 새로운 정체성을 요청하는 사회적 실험일지도 모릅니다. 산업이 자신을 스스로 반성하고 새 길을 모색할 때, 사양이라는 낙인은 쇠퇴의 언어에서 갱신의 언어로 변모합니다.

따라서 중요한 것은 이름에 갇히지 않는 태도입니다. 사양산업이라는 평가는 외부의 시선일 뿐, 산업의 본질을 규정하지는 못합니다. 건설은 결코 소멸할 수 없는 산업이며, 사회의 공간과 인프라를 지탱하는 근본적 행위입니다. 오늘의 위기는 그 본질을 다시 성찰하고, 산업이 새 시대에 걸맞은 언어와 윤리를 스스로 창조하라는 요청입니다. 사양이라는 말이 던지는 불편함은, 그만큼 산업이 자기 언어를 새롭게 써야 함을 일깨워 주는 통증이기도 합니다. 그 통증을 회피하지 않고 직시할 때, 산업은 다시 살아 있는 사유의 힘을 되찾게 됩니다.

영국의 사상가 토마스 풀러가 남긴 '가장 어두운 밤이 가장 밝은 별을 만든다'는 말처럼, 건설산업이 겪는 오늘의 어둠은 종말의 신호가 아니라 새로운 별을 낳기 위한 진통일지 모릅니다. 어둠은 단순히 빛의 부재가 아니라, 새로운 빛이 태어날 공간이기도 합니다. 사양이라는 낙인을 넘어설 때 건설은 다시 희망의 이름으로 불릴 것입니다. 그것이 건설이 지닌 본질적 힘이며, 시대정신의 언어를 미래 산업의 언어로 번역해 내는 창조적 사명, 곧 다음 시대의 건설이 감당해야 할 철학적 과제입니다. 결국 사양이라는 단어는 우리 시대가 건설산업에 던지는 새로운 질문으로, 건설이 앞으로 어떤 모습과 방식으로 존재할 것인가를 묻는 물음이며, 산업의 본질과 방향을 다시 성찰하라는 요청으로 이어집니다.

신뢰, 운명을 결정짓는 산업의 자본

신뢰, 사회적 자본의 심장을 이루는 힘

산업은 자본과 기술, 제도의 힘으로 움직이는 듯 보입니다. 그러나 그 밑바닥에는 눈에 보이지 않지만, 모든 것을 떠받치는 또 하나의 기반이 있습니다. 그것은 신뢰입니다. 신뢰는 단순히 상대를 믿는 개인적 감정이 아니라, 공동체가 오랜 시간에 걸쳐 함께 축적하고 나누는 사회적 기반입니다. 제도가 작동하고 기술이 의미를 얻는 것도, 그 바탕에 신뢰가 있기 때문입니다. 화폐가 종이 조각을 넘어 교환의 수단이 되고, 계약이 문자를 넘어 약속의 무게를 지키는 이유 또한 여기에 있습니다.

사회적 자본은 이러한 신뢰가 인간관계 속에서 형성되고 드러나는 자원입니다. 사람들의 관계망, 공유된 규범, 상호 호혜의 경험이 서로 얽혀 신뢰를 낳고, 그 신뢰로 다시 유지됩니다. 제도와 기술이 아무리 정교해도 신뢰가 결여되면 협력은 작동하지 않습니다. 사회적 자본은 물질적 자본이나 기술적 자본보다 더 근본적 자산이며, 공동체의 지속가능성을 떠받치는 보이지 않는 토대입니다.

이 관계망이 살아 움직이려면 그 안에서 신뢰가 순환해야 합니다. 관계망은 단순한 연결의 집합이 아니라, 서로의 마음과 책임이 오가며 관계에 생명을 불어넣을 때 비로소 힘을 갖습니다. 규범 또한 강제만으로는 유지되지 않습니다. 서로가 그것을 지킬 것이라는, 믿음이 있을 때만 질서로 자리 잡습니다. 호혜성 역시 단순한 교환이 아니라, 선의가 배신으로 돌아오지 않을 것이라는 신뢰 위에서만 성립합니다.

사회적 자본은 문서나 제도에 기록되지 않습니다. 그것은 인간관계 속에 스며들어 작동하는 비가시적 자원이며, 개인의 능력이라기보다 관계를 통해 형성되는 집단적 에너지입니다. 다시 말해, 사회적 자본이 구조라면 신뢰는 그 구조를 움직이게 하는 맥박과 같습니다. 뼈대만으로는 생명을 담을 수 없듯이, 사회적 자본의 틀을 살아 있게 하는 원리는 언제나 신뢰에서 비롯됩니다.

신뢰는 사회적 자본의 핵심 요소이자 그 결과입니다. 제도·규범·관계망이 협력으로 작동하도록 매개하는 보이지 않는 장치입니다. 신뢰가 존재할 때 산업은 존속할 수 있고, 공동체는 미래를 향해 걸어갈 수 있습니다. 신뢰를 사유한다는 것은, 곧 사회적 자본의 심장을 성찰하는 일이며, 이 심장이 뛰는 한 공동체는 생명을 잃지 않습니다.

건설산업, 신뢰가 무겁게 작동하는 영역

신뢰는 모든 산업에서 중요하지만, 건설산업에서 특히 무겁게 작동합니다. 이 산업은 주문생산 방식의 비싼 거래를 다루며, 오랫동안 남는 결과물을 만들고, 공동체가 함께 사용하는 공간과 구조물을 짓습니다. 그 과정은 수많은 사람과 기관의 협력 위에서 이루어집니다.

건설은 매우 비싼 거래이자, 완성품이 아닌 주문생산형 산업입니다. 모든 프로젝트가 단 한 번만 실행되기에, 가격이나 계약만으로는 변수를 통제할 수 없습니다. 수백억, 수천억 원이 오가는 복잡한 이해관계를 조정하는 힘은 결국 신뢰입니다. 작은 불신 하나가 막대한 손실로 이어질 수 있기에, 신뢰는 도덕이 아니라 경제를 지탱하는 기초이자 보이지 않는 자본입니다.

건설은 긴 시간을 남깁니다. 완성된 건축물과 인프라는 수십 년 동안 공동체의 삶을 지탱합니다. 그만큼 건설의 책임은 현재를 넘어 미래로 이어집니다. 부실이나 배신은 단기 손실이 아니라 세대 간 불신으로 남습니다. 무너진 다리나 금이 간 건물은 인간이 쌓은 신뢰의 균열입니다.

건설은 수많은 주체가 참여하는 산업입니다. 발주자, 설계자, 시공자, 감리자, 공공기관, 지역사회가 서로 다른 이해를 지닌 채 하나의 결과를 만듭니다. 프로젝트가 끝나면 이들은 흩어지지만, 그들의 행위는 구조물에 남습니다. 이런 일시적 협력 구조에서는 계약만으로 신뢰를 유지하기 어렵습니다. 성실한 행위의 누적만이 다음 현장으로 이어지는 신뢰의 연속성을 만듭니다.

건설의 신뢰는 단순한 비유가 아닙니다. 이 산업은 사회의 기초 구조를 짓고, 그 결과물은 세대와 세대를 잇는 공동체의 기억으로 남습니다. 신뢰가 흔들리면 계약은 형식이 되고, 설계는 허상이 되며, 현장은 멈춥니다. 다리와 도로, 학교와 병원은 신뢰 위에서만 완성됩니다. 건설의 신뢰는 공동체의 안전과 품격, 그리고 세대 간 책임을 함께 지탱하는 도덕적이자 윤리적인 토대입니다. 결국 건설의 가치는 눈에 보이는 구조물보다 그 안에 스며 있는 신뢰의 깊이에 달려 있습니다. 신뢰가 살아 있을 때 산업은 존속하고, 사회는 그 위에서 안심할 수 있습니다.

신뢰의 축적과 붕괴, 그리고 압박의 구조

신뢰는 하루아침에 생기지 않습니다. 작은 약속의 반복과 성실한 행위의 누적을 통해 서서히 쌓입니다. 벽돌을 한 장씩 올리듯 시간 속에 축적되는 신뢰는 말이 아니라 행동의 역사이며, 기억 속 일관성과 정직성의 흔적입니다. 그래서 신뢰는 감정이 아니라 축적된 행위의 결과이며, 관계가 쌓아온 시간의 무게이기도 합니다.

그러나 무너지는 데는 순간이면 충분합니다. 한 번의 배신, 한 번의 책임 회피가 오랜 축적을 무너뜨립니다. 오래된 건물이 작은 균열 하나로 붕괴하듯, 신뢰의 균열도 순식간에 확산됩니다. 그리고 그 붕괴는 한 사건에 그치지 않고 관계 전체로 번져, 공동체의 질서를 흔듭니다. 신뢰는 가장 단단하면서도 가장 쉽게 깨지는 토대이며, 한 번 무너지면 복원에 긴 시간과 큰 노력이 필요합니다.

모두가 신뢰의 가치를 알고 있지만, 현실은 그것을 지켜내지 못하도록 끊임없이 압박합니다. 산업은 경쟁 속에서 돌아가며, 효율을 높이고 비용을 줄이라는 요구는 멈추지 않습니다. 신뢰를 지키는 일은 장기적으로는 이익이지만, 단기적으로는 손해처럼 보입니다. 그래서 신뢰는 종종 미래의 자산이 아니라 현재의 비용으로 오해됩니다. 그러나 신뢰가 무너진 자리에는 언제나 불안과 갈등이 남습니다. 이 불신의 구조가 지속될 때, 산업은 효율을 얻는 대신 지속가능성을 잃게 됩니다.

건설산업은 이러한 압박이 가장 노골적으로 드러나는 영역입니다. 공기를 맞추기 위해 안전 절차를 생략하거나, 수익을 위해 품질을 낮추는 일이 적지 않게 발생합니다. 발주자는 비용 절감을, 시공자는 수익을, 하도급자는 생존을 이유로 서로를 밀어붙입니다. 이런 구조 속에서 신뢰는 비용으로 전락하고, 협력의 기반은 점점 약화됩니다. 신뢰의 결여는 단순한 관계의 문제가 아니라, 산업의 구조적 불안으로 이어집니다.

신뢰를 지킨다는 것은 단순한 도덕적 선택이 아닙니다. 그것은 옳음을 분별하고 책임 있게 행동하려는 실천의 문제이며, 자신의 이익보다 공동체의 지속을 우선하는 태도입니다. 안전을 지키고 품질을 확보하며 약속을 지키는 행위는 때로 비효율적으로 보이지만, 결국 공동체의 존엄과 미래의 안전을 보장합니다. 진정한 신뢰는 계산된 효율이 아니라, 옳다고 믿는 일을 끝까지 실천하려는 의지에서 비롯됩니다. 그것은 기술이나 제도보다 오래 남는 인간적 약속이며, 공동체를 지탱하는 궁극의 윤리입니다.

무너진 신뢰가 남기는 대가

신뢰는 존재할 때는 잘 보이지 않지만, 사라지는 순간 그 무게를 드러냅니다. 자본은 다시 모을 수 있고, 기술은 다시 배울 수 있으며, 제도는 새로 고칠 수도 있습니다. 그러나 신뢰는 다릅니다. 한 번 훼손되면 복원에는 긴 시간과 막대한 비용이 필요하며, 완전한 회복은 어렵습니다. 깨끗한 유리가 한 번 금이 가면 아무리 닦아도 예전의 투명함을 되찾지 못하는 것과 같습니다. 사회의 신뢰도 마찬가지입니다. 겉으로는 회복된 듯 보여도 내부에는 금이 남고, 기억 속 불안은 쉽게 지워지지 않습니다.

건설산업에서 신뢰의 상실은 특히 치명적입니다. 건설의 실패는 한 세대의 문제로 끝나지 않습니다. 한 번의 부실이 수십 년간 공동체의 안전을 위협하고, 한 번의 사고가 산업 전체의 불신으로 번집니다. 시민들은 다리를 건너며 불안을 느끼고, 건물 안에서도 안도하지 못합니다. 구조물은 서 있지만, 그 안의 평온은 사라집니다. 그 불신은 산업을 넘어 제도와 행정, 나아가 사회의 관계망으로 퍼집니다. 신뢰는 기술의 완성보다 앞선, 사회가 공유하는 감정적 인프라입니다.

신뢰는 단순한 안전의 문제가 아닙니다. 그것은 공동체를 지탱하는 정신적 기반이며, 협력을 가능하게 하는 보이지 않는 동력입니다. 신뢰가 무너질 때 사람들은 규범을 따르지 않고 각자의 이해를 앞세웁니다. 공정公正은 흔들리고, 품질은 밀려나며, 제도는 형식만 남습니다. 신뢰가 붕괴하면 구조물뿐만 아니라 관계망도 무너집니다.

무너진 신뢰의 대가는 결국 산업 내부를 넘어 공동체 전체가 짊어집니다. 건설의 실패는 한 현장의 손실에 그치지 않고, 사회적 불안과 제도적 불신으로 이어집니다. 신뢰를 잃은 산업은 자율성을 잃고, 끊임없는 규제와 의혹 속에 놓입니다. 신뢰의 상실은 단순한 경제 문제가 아니라, 산업이 사회로부터 부여받은 존재 이유를 위협하는 사건입니다. 이 손실은 수치로 계산되지 않지만, 시간이 지날수록 산업의 구조와 사회의 인식 곳곳에 균열을 남깁니다. 신뢰가 사라진 산업은 더 많은 절차와 통제로 자신을 유지하려 하지만, 그럴수록 자율과 창의의 공간은 좁아집니다. 결국 신뢰를 지킨다는 것은 건설산업이 스스로의 존엄을 지키며 사회와 함께 존재함을 증명하는 최소한의 조건입니다.

지속을 약속하는 질문, 신뢰

건설산업의 미래를 결정짓는 최종 조건은 기술도, 자금도 아닙니다. 그것은 신뢰입니다. 신뢰는 장부에 기록되지 않지만, 공동체의 질서를 세우고 사회의 안녕을 떠받칩니다. 신뢰가 축적될 때 산업은 단순한 경제 활동을 넘어 공동체의 기반이 되며, 위기를 넘어서는 힘을 갖게 됩니다.

신뢰를 근간으로 삼는다는 것은 단순히 계약을 지키는 일이 아닙니다. 그것은 공동체와 세대, 그리고 아직 모습을 드러내지 않은 미래의 사람들에게까지 책임을 품는 일입니다. 건설은 눈앞의 성과로만 평가될 수 없는 산업입니다. 수십 년 뒤에도 안전하고 품격 있는 삶을 가능하게 해야 하기 때문입니다. 신뢰는 건설산업이 위기를 넘어설 수 있는 가장 근본적 해법입니다.

자본의 위기, 인력의 위기, 제도의 위기를 말할 수 있지만, 그 모든 뿌리에는 결국 신뢰가 있습니다. 신뢰가 살아 있을 때 산업은 자신을 스스로 재건할 수 있습니다. 그러나 신뢰를 세운다는 것은 단순히 과거의 높이를 되풀이하는 일이 아닙니다. 지금까지 건설산업은 계약의 준수와 성과의 완성에서 신뢰를 찾아왔습니다. 그것은 필요한 기반이었지만, 여전히 눈앞의 결과에 머문 신뢰였습니다.

이제는 그 높이를 넘어야 합니다. 미래 세대의 안전과 존엄까지 내다보는 신뢰로 사유의 지평을 넓혀야 합니다. 과거가 '현재의 이익을 보장하는 신뢰'였다면, 앞으로는 '미래를 여는 신뢰'여야 합니다. 이 전환이 이루어질 때 건설산업은 단순한 생존을 넘어 시대와 함께 존립할 수 있습니다.

신뢰는 계산을 넘어서는 사유의 깊이를 요구합니다. 기술의 진보와 자본의 축적만으로는 산업의 운명을 담보할 수 없습니다. 산업이 어떤 미래를 맞이할지는 신뢰를 어떤 깊이와 방향성으로 축적하느냐에 달려 있습니다.

이제 질문이 남습니다.

"신뢰는 단순한 규범이 아니라, 지속을 가능하게 하는 물음으로 성찰되고 있는가?", "건설산업은 신뢰를 축적하는 방향으로 나아가고 있는가?", 아니면 "여전히 현재의 압박 속에서 그것을 소모하는 길을 걷고 있는가?"

과연 건설산업은 어떤 길을 선택해야 하겠는가.

윤리, 운명을 가르는 보이지 않는 힘

보이지 않지만, 모든 것을 규정하는 힘

윤리란, 인간이 공동체 속에서 지켜야 할 규범이자 삶을 이끄는 원칙을 의미합니다. 철학에서는 바람직한 삶과 올바른 행위를 가르는 기준으로, 사회학에서는 사회 질서를 가능하게 하는 토대로 이해됐습니다. 그러나 윤리는 단순한 규정이나 제도에 머물지 않습니다. 그것은 눈에 보이지 않지만, 인간의 삶과 공동체를 지탱하는 근본적 기둥이며, 우리가 함께 살아간다는 사실 자체를 가능하게 하는 보편의 힘입니다. 윤리가 바로 설 때 사회는 신뢰와 질서 위에 서지만, 그것이 무너질 때 공동체는 탐욕과 분열 속에 스스로 균열을 만들고 붕괴의 길을 걷게 됩니다.

동서양의 사상가들은 오래전부터 이 진실을 말해 왔습니다. 공자와 맹자, 순자는 이익이 윤리를 앞설 때 사회가 무너진다고 했고, 소크라테스와 아리스토텔레스, 키케로는 윤리가 없는 삶과 공동체가 결국 존립할 수 없음을 강조했습니다. 시대와 지역은 달랐지만,

윤리를 공동체 존속의 근본 조건으로 본 통찰은 서로 맞닿아 있었습니다. 역사는 이를 증언합니다. 고대 폴리스 체제의 쇠퇴, 로마 제국의 붕괴, 중국 왕조의 교체에는 정치·경제·군사적 요인이 복합적으로 작용했지만, 당시 사상가들과 후대의 해석은 공통으로 윤리의 붕괴를 중요한 원인으로 지목했습니다.

근대 산업혁명은 또 다른 방식으로 윤리의 붕괴를 드러냈습니다. 자본과 기술의 팽창 속에서 인간은 단순한 수단으로 전락했고, 자연은 무분별하게 소비되었습니다. 그 결과 저항과 갈등이 뒤따랐으며, 발전의 그림자는 결국 강제적 규제와 사회적 대가로 돌아왔습니다. 현대 사회도 다르지 않았습니다. 금융의 탐욕은 전 세계를 위기로 몰아넣었고, 기업의 부패는 단기적 이익과 맞바꾼 신뢰 붕괴로 이어졌습니다. 윤리가 사라질 때 공동체는 그 대가를 치르게 된다는 사실은 반복되는 진리입니다.

결국 윤리는 눈에 잘 드러나지 않지만, 우리 삶과 공동체를 조용히 떠받치는 힘입니다. 일상에서는 그 존재를 잊고 지내지만, 그것이 사라지는 순간 사회는 균열과 혼란 속으로 무너져 내립니다. 윤리는 삶을 규정하는 보이지 않는 운명이자 공동체를 지탱하는 마지막 기둥으로 우리 곁에 서 있습니다.

산업윤리와 신뢰의 균열

윤리는 신뢰의 근원이자 조건입니다. 윤리가 지켜질 때 신뢰가 자라고, 신뢰가 쌓일 때 산업은 지속될 수 있습니다. 결국 윤리가 무너지면 신뢰도 함께 무너지고, 산업의 존립 기반 또한 사라집니다.

이처럼 산업의 지속가능성이 윤리 위에 세워져 있다는 인식은 역사 속에서 점차 분명해졌으며, '산업윤리'는 20세기 중반 이후 본격화되었습니다. 산업혁명 시기의 노동과 환경 문제는 이미 논쟁거리였으나, 대량생산과 다국적 기업의 확산 속에서 노동권·환경·소비자 안전이 세계적 과제로 떠올랐습니다. 이때 기업은 단순한 경제 주체가 아니라 사회적 책임을 지는 존재로 인식되기 시작했습니다. 1960~70년대 기업의 사회적 책임^CSR^이 논의되었고, 21세기에는 ESG 경영으로 확장되며 산업은 단기 이익을 넘어 지속가능성과 책임을 요구받고 있습니다.

윤리가 무너지면 가장 먼저 사라지는 것은 신뢰입니다. '레몬시장'은 이를 상징합니다. 품질을 알 수 없는 시장에서 불량품이 섞이면 정직한 판매자가 사라지고, 시장은 불신의 악순환에 빠집니다. 2008년 금융위기도 위험이 숨겨진 금융상품이 신뢰를 무너뜨리며 시스템 전체를 흔든 사례였습니다. 윤리의 결여는 결국 공동체의 위기로 이어집니다.

윤리는 규범이 아니라 산업 존립의 토대입니다. 윤리가 흔들리면 산업은 붕괴로 기울고, 지켜질 때 신뢰와 지속가능성 위에 섭니다. 산업의 미래를 가르는 힘은 기술이나 자본이 아니라 보이지 않는 토대, 곧 윤리입니다.

건설산업은 타 산업보다 비윤리적이라는 인식을 짊어지고 있습니다. 그러나 이는 실제 차이라기보다 사건의 치명성과 사회 기반에 미치는 파급력, 그리고 구조적 요인이 결합해 형성된 기억의 편향에 가깝습니다. 금융은 탐욕으로 경제를 흔들었고, 제조업은 환경과 노동 문제를 남겼으며, IT산업도 개인정보와 독점 논란을 피하지 못했습니다. 그러나 건설의 실패는 생명과 안전, 사회기반시설을 직접 위협하기에 더 깊은 기억으로 남습니다. 여기에 다단계 하도급과 반복된 담합·부실이 겹치며 '비윤리적 산업'이라는 인식이 굳어졌습니다. 이는 사실보다 기억과 구조의 문제이며, 산업의 정당성과 존립을 가늠하는 사회적 척도로 작동하고 있습니다.

도전받는 건설산업의 윤리

건설산업의 윤리는 오늘날 거대한 균열 앞에 서 있습니다. 이는 일부 현장의 위법이나 사고를 넘어, 산업이 오랫동안 쌓아온 신뢰와 책임의 토대가 흔들리고 있음을 보여줍니다. 담합으로 가격이 왜곡되고, 부실시공이 안전을 위협하며, 법 절차가 무시되는 일은 단순한 불법이 아니라 산업이 스스로의 양심을 시험대에 올려놓은 사건입니다. 보이지 않는 약속이 무너질 때 기술이나 제도만으로는 정당성을 증명할 수 없습니다. 결국 문제는 윤리라는 기반에 있습니다.

윤리가 도전받는 이유는 개인의 탐욕만이 아닙니다. 오늘의 건설산업은 끝없는 경쟁 속에 있습니다. '더 빨리, 더 싸게, 더 크게'를 요구하는 압박이 현장을 지배하며, 공사비 절감과 공기 단축은 품질과 안전을 비용으로 전락시킵니다. 안전은 원칙이 아닌 조정 가능한 변수로, 품질은 성실함이 아닌 가격의 결과로 이해됩니다. 결국 양심과 책임은 밀려나고 근본적 가치는 후순위로 내몰립니다.

하도급 구조의 복잡성도 윤리를 위협합니다. 발주자에서 원도급사, 다시 수많은 하도급사와 근로자로 이어지는 긴 사슬 속에서 책임은 쉽게 분산됩니다. 문제는 모두의 몫이지만 동시에 누구의 몫도 아닙니다. 책임이 흐려질수록 윤리의 공백은 커지고, 현장은

다 함께 참여하면서도 외면하는 구조로 변합니다.

기업 문화 역시 윤리를 압박합니다. 성과는 숫자로 환산되고, 그 숫자가 곧 보상으로 이어집니다. 단기 성과를 올린 이는 인정받지만, 윤리를 지키려 손해를 감수한 이는 주목받지 못합니다. 윤리는 선택적 덕목이 아니라 불편한 족쇄로 여겨지고, 기업은 점점 정직할 힘을 잃습니다.

이러한 도전은 제도의 허술함 때문만이 아니라 산업이 공유하는 가치 체계와 연결됩니다. 무엇을 우선에 두고 무엇을 희생할지에 대한 집단적 태도가 윤리의 운명을 결정합니다. 비용과 효율, 속도와 성과가 중심이 되는 순간 윤리는 언제든 희생될 수 있습니다.

오늘날 건설산업의 윤리적 위기는 단순한 사건을 넘어섭니다. 그것은 구조와 문화, 가치관의 층위에서 드러나는 총체적 현상입니다. 윤리를 뒤로 미루는 습관이 누적될수록 산업은 자신이 무엇을 위해 존재하느냐는 근본적 질문 앞에 서게 되며, 그 질문은 점점 더 날카롭게 산업의 존립 조건을 되묻습니다.

윤리 붕괴가 부르는 산업의 운명

신뢰가 무너진 산업은 언제나 비슷한 궤적을 그립니다. 사람들은 더 이상 정직한 기업과 불량한 기업을 구분하지 못하고, 결국 모두를 불신하게 됩니다. 성실히 품질을 지켜온 기업조차 의심받으며, 시장은 불신과 냉소의 대상으로 전락합니다. 정직함이 보상받지 못하는 곳에서는 저급한 상품과 불투명한 거래가 늘어나고, 사회는 자율적 시장을 신뢰하지 못해 규제와 감시를 강화합니다. 신뢰를 잃은 시장은 스스로의 가능성을 봉쇄한 채 주변으로 밀려납니다.

윤리가 무너진 건설산업도 다르지 않습니다. 아무리 거대한 구조물을 세워도 신뢰를 잃는 순간, 그것은 성취가 아니라 불안의 상징이 됩니다. 산업은 존엄과 정당성을 잃고, 사회는 더 이상 건설산업을 기반으로 존중하지 않습니다. 윤리적 토대가 무너지면 부실공사가 되풀이되고, 그때마다 산업은 시민의 분노와 비판을 감당해야 합니다. 공동체의 삶을 지탱해야 할 산업이 오히려 불안을 퍼뜨리는 순간, 건설산업은 존중이 아닌 불신의 대상이 됩니다. 정직한 기업조차 제값을 인정받지 못하고, 산업 전체는 불신의 악순환에 갇힙니다.

이 지점에서 윤리의 비용과 비윤리의 비용을 다시 생각하게 됩니다. 윤리를 지키는 일은 시간과 비용, 이익의 감소를 요구하지만, 그것은 단기적인 부담입니다. 반대로 비윤리의 대가는 당장은 드러나지 않더라도 훨씬 깊고 오래 남습니다. 한 번의 부실이나 사고는 금전적 손실을 넘어 사회의 신뢰를 약화시킵니다. 윤리의 비용이 현재의 부담이라면, 비윤리의 비용은 미래의 위험입니다. 짧게는 윤리가 손해처럼 보여도, 긴 시야에서 윤리는 가장 현명한 선택이며 비윤리는 결국 더 큰 대가를 남깁니다.

윤리를 잃은 산업이 맞이하는 것은 고립입니다. 신뢰가 떠난 자리에 남는 것은 규제와 처벌뿐입니다. 사회는 감시를 강화하고, 산업은 자율성과 창의성을 잃습니다. 미래를 열어 가는 주체가 아니라 변명과 해명에 쫓기는 존재로 전락합니다.

건설산업의 운명은 눈앞의 성과가 아니라 보이지 않는 윤리에 의해 결정됩니다. 윤리가 무너지면 산업은 존립의 자격을 잃고, 지켜질 때만 사회를 세우는 기반으로 존중받습니다. 결국 건설산업의 미래는 그 보이지 않는 힘, 윤리를 어떻게 다루느냐에 달려 있습니다.

위기를 극복하는 실천적 자본

윤리는 종종 추상적 관념으로 치부되지만, 실은 산업이 위기를 넘어설 수 있게 하는 가장 현실적이고 실질적인 힘입니다. 오늘날 건설산업은 물량 축소, 수익성 악화, 인력 부족, 규제 리스크라는 네 가지 위기에 직면해 있습니다.

물량 축소는 산업 전체의 일시적인 구조적 흐름이지만, 기업 단위에서는 윤리가 갈림길이 됩니다. 신뢰를 지킨 기업은 어려운 시기에도 기회를 얻지만, 윤리를 저버린 기업은 경기와 무관하게 시장에서 배제됩니다. 윤리는 단순한 방어가 아니라 위축된 시장 속에서도 기회를 만들어내는 힘입니다.

수익성 악화는 불공정한 계약과 저가 경쟁에서 비롯됩니다. 발주자가 산업의 윤리를 신뢰하지 못하면 비용과 통제를 앞세우고, 기업은 저가 수주로 내몰립니다. 그 결과 품질과 안전은 훼손되고, 산업 전체는 '신뢰할 수 없는 영역'으로 낙인찍힙니다. 반대로 윤리가 지켜질 때 계약과 가격은 상호 신뢰 위에 세워지고, 기업은 정상적 수익을, 산업은 지속적 순환을 회복합니다.

인력 부족 또한 임금의 문제가 아니라 존엄의 문제입니다. 안전이 무시되고 불공정한 문화가 지속된다면 젊은 세대는 건설을 외면할 수밖에 없습니다. 그러나 존엄이 보장되는 현장은 새로운 인력을 불러들이는 자산이 됩니다.

규제 리스크 역시 사고와 부패가 반복될수록 커지지만, 산업이 스스로 윤리를 실천한다면 사회는 불필요한 규제를 거두고 더 큰 자율성을 맡길 수 있습니다.

윤리는 단순한 구호가 아니라 존재의 향방을 가르는 힘입니다. 현장과 기업이 매 순간 내리는 선택들이 모여 신뢰를 빚어내고, 그 신뢰가 산업의 존립을 결정합니다. 윤리는 눈에 보이지 않지만, 현실을 지탱하는 근본이며, 동시에 미래로 열리는 문입니다.

윤리는 어느 한 집단의 몫으로 환원되지 않습니다. 건설산업, 정부, 발주자 등 각 주체가 사유의 높이를 끌어올릴 때, 그 성찰이 모여 하나의 보이지 않는 힘을 형성합니다. 그리고 바로 그 힘이 건설산업의 윤리를 떠받치고, 더 높은 차원으로 끌어올립니다.

윤리는 눈에 보이지 않지만, 세상을 세우고 무너뜨리는 힘입니다. 그것이 무너질 때 산업은 운명을 잃고, 지켜질 때 비로소 신뢰라는 기초 위에 다시 섭니다. 결국 건설산업의 운명을 사유한다는 것은, 곧 윤리를 어떻게 이해하고 실천할 것인가를 되묻는 성찰입니다.

건설산업,
운명을 끌어올리는 사유

서로 다른 운명의 두 얼굴

우리는 흔히 '운명'이라는 말을 하나의 뜻으로 받아들이지만, 그 안에는 서로 다른 두 얼굴이 숨어 있습니다. 영어에는 이를 구분하는 두 단어가 있습니다. 바로 페이트fate와 데스티니destiny입니다. 두 단어 모두 '운명'을 뜻하지만, 그 뿌리와 뉘앙스를 살펴보면 전혀 다른 세계관을 담고 있습니다.

페이트는 라틴어 '파툼fatum'에서 비롯된 말로, 그 어원은 '말하다'를 뜻하는 '파리fari' 입니다. 본래는 단순히 '말해진 것'을 의미했지만, 시간이 지나며 인간의 힘을 넘어선 존재의 계시, 곧 '신神의 말'로 이해되었습니다. 여기서 파툼은 신탁, 즉 피할 수 없는 운명으로 확장되었습니다. 따라서 페이트는 인간이 어떤 노력을 기울여도 거스를 수 없는 길, 이미 정해진 결과를 뜻하게 되었고, 오늘날 우리가 말하는 '숙명宿命'의 개념으로 굳어졌습니다.

반면 데스티니는 라틴어 '데스티나레destinare' 에서 유래했습니다. 본래 뜻은 '굳게 정하다'로, 처음에는 대상을 고정한다는 의미였으나 시간이 흐르며 '목표를 세우다, 방향을 정하다'로 발전했습니다. 궁극적으로는 인간이나 공동체가 나아가야 할 목적지와 연결되어, 스스로 선택하고 정한 길, 곧 인간이 주체적으로 살아내는 '사명使命'으로 해석됩니다.

이 지점에서 숙명과 사명의 차이가 드러납니다. 숙명은 피할 수 없는 조건이자 한계이고, 사명은 그 조건을 어떻게 해석하고 끌어올릴 것인가에 대한 결단입니다. 운명은 모두에게 주어지지만, 그것을 체념하며 받아들일지, 아니면 새로운 의미로 전환해 더 높은 여정으로 만들지는 태도의 문제입니다.

개인의 삶에 비추어 보면 더욱 분명합니다. 태어난 가정이나 시대적 환경은 선택할 수 없는 숙명이지만, 그 안에서 어떤 삶을 가꾸고 어떤 흔적을 남길지는 사명입니다. 같은 조건을 안고 태어나도 누구는 체념하고, 또 다른 이는 그것을 전환해 더 높은 삶을 만들어 갑니다.

운명의 높이와 끌어올린 선택

운명의 두 얼굴은 단순한 말의 차이가 아니라, 인간이 삶을 어떤 태도로 살아내는가를 드러내는 지표입니다. 숙명에 머무를 때 삶은 한계의 벽을 넘지 못한 채 반복과 체념 속에 머물지만, 사명을 선택할 때 상황은 달라집니다. 같은 조건 속에서도 새로운 의미를 발견하고, 그것을 더 높은 여정으로 끌어올릴 수 있습니다. 바로 이 지점에서 운명의 높낮이가 갈라집니다.

그렇다면 숙명에서 사명으로 옮겨가기 위해 무엇이 필요할까요? 중요한 것은 조건을 단순한 사실로 받아들이는 데서 멈추지 않고, 그 안에 깃든 의미를 새롭게 해석하려는 의지입니다. 현실을 '끝'이 아니라 '출발'로 바라보는 관점, 그리고 그 위에 새로운 가치를 세우려는 결단이 필요합니다. 이때 인간은 타율적 존재가 아니라 스스로 삶을 빚어내는 주체로 서게 됩니다.

이 과정은 곧 사유의 높이와 연결됩니다. 숙명에 머무는 사유는 눈앞의 조건을 직시하는 차원에 머물지만, 사명으로 나아가는 사유는 그 조건을 넘어서는 차원으로 솟아올라야 합니다. 단순히 사실을 수용하는 사고에서, 사실에 의미를 부여하고 그것을 새로운 서사와 목적지로 전환하는 사고로 옮겨가야 합니다. 사유의 높이가 달라질 때 운명의 높이도 달라집니다.

결국 숙명은 인간을 수동적 존재로 머물게 하지만, 사명은 창조적 주체로 세웁니다. 숙명이 타율적 조건에 순응하는 태도라면, 사명은 스스로 목적지를 정하고 그 길을 살아내는 태도입니다. 따라서 사명은 단순히 더 높은 차원의 운명일 뿐만 아니라, 인간이 자신의 삶을 능동적으로 의미화하며 주체로 서는 방식이라 할 수 있습니다.

이제 이 논의를 개인을 넘어 산업의 차원으로 확장할 수 있습니다. 한 개인이 주어진 조건을 어떻게 해석하고 끌어올리느냐에 따라 삶의 질이 달라지듯, 한 산업 역시 숙명을 어떻게 받아들이고 전환하느냐에 따라 미래가 달라집니다. 건설산업의 숙명은 피할 수 없는 구조적 한계와 조건을 드러내지만, 그것을 어떻게 사명으로 끌어올리느냐에 따라 산업의 정체성과 미래가 결정됩니다. 따라서 건설산업의 운명을 단순한 숙명으로만 볼 것인지, 아니면 더 높은 차원의 사명으로 전환할 것인지를 성찰하는 일은, 곧 건설산업의 존재 이유와 방향을 다시 세우는 일과 맞닿아 있습니다.

건설산업의 페이트: 숙명

건설산업은 태생적으로 피할 수 없는 조건들을 안고 있습니다. 다른 산업에도 한계가 있지만, 건설산업은 구조와 결과물의 성격상 그 숙명이 더욱 선명합니다. 산업이 아무리 발전하고 제도가 바뀌어도 사라지지 않는 이 조건들은 본질적으로 따라붙는 그림자와 같습니다. 이러한 숙명을 직시하는 일은 단순히 한계를 확인하는 데 그치지 않고, 건설산업의 존재가 품은 의미를 묻는 일입니다.

첫 번째 숙명은 안전입니다. 건설 현장은 본질적으로 위험을 내포한 공간입니다. 고층 작업, 무거운 장비, 예기치 못한 자연조건은 사고 가능성을 높입니다. 수많은 장치와 규제가 마련되었지만, 사고를 완전히 없애기는 어렵습니다. 건설은 '위험을 품은 산업'이며, 안전사고의 그림자는 늘 따라붙습니다. 이는 산업이 짊어진 숙명적 무게이자, 인간의 존엄을 어떻게 지킬 것인가라는 질문을 던집니다.

두 번째 숙명은 책임의 분산입니다. 발주자, 설계자, 시공사, 감리자 등이 얽힌 복잡한 구조 속에서 문제가 생기면 책임은 쉽게 흩어집니다. 결국 누가 최종 책임자인지 모호해지고, 이는 건설산업의 오래된 구조적 한계로 반복됐습니다. 이런 분산은 책임 회피라는 비난과 함께 산업 전반의 신뢰를 약화시킵니다.

세 번째 숙명은 부패의 그림자입니다. 건설은 대규모 공공사업부터 소규모 민간 공사까지 자본과 이해가 얽히는 영역입니다. 입찰 담합, 뇌물, 편법 계약 등은 산업의 역사 속에서 반복됐습니다. 이는 단순한 일탈이 아니라 복잡한 구조 속에서 생겨난 문제입니다. 그러나 이 그림자 앞에서 멈추기보다, 그것을 어떤 빛으로 전환할 수 있는지를 성찰해야 합니다.

네 번째 숙명은 불확실성입니다. 건설은 날씨, 자재, 금융, 정책 등 수많은 변수 위에 서 있습니다. 이 조건들은 언제든 공정과 비용을 흔들며, 완전한 예측은 불가능합니다. 건설산업은 늘 불확실성과 싸우며 살아야 하는 운명이며, 그것을 위험이 아닌 가능성으로 볼 수 있는가가 과제가 됩니다.

마지막 숙명은 공공성입니다. 건설의 결과물은 주택, 학교, 도로, 교량 등 사회의 기반이 됩니다. 작은 실수 하나가 사회 전체의 재난으로 이어질 수 있기에, 건설은 늘 감시와 비판의 대상이 됩니다. 이는 다른 산업과 구별되는 건설의 본질적 숙명이자 피할 수 없는 무게입니다. 동시에 공공성은 건설이 사회적 신뢰의 기초로 서야 함을 일깨우는 물음이기도 합니다.

건설산업의 데스티니: 사명

앞서 살펴본 다섯 가지 숙명은 건설산업이 태생적으로 피할 수 없는 조건이었습니다. 그러나 숙명은 곧 전환의 가능성을 품고 있습니다. 같은 조건이라도 그것을 어떻게 해석하고 끌어올리느냐에 따라 산업의 미래가 달라집니다. 이제 숙명으로 제시된 다섯 가지 한계를 각각 짝지어, 그것이 어떻게 사명으로 바뀔 수 있는지를 살펴보겠습니다.

첫 번째 사명은 안전을 존엄으로 끌어올리는 일입니다. 안전은 단순히 사고를 막는 기술적 과제가 아니라 인간 존엄의 최소 조건이자 사회적 약속입니다. 건설산업이 안전을 관리의 차원을 넘어 존엄을 지키는 사명으로 받아들일 때, 비로소 주어진 운명을 끌어올릴 수 있습니다. 노동자 한 사람의 생명이 존중받는 현장은, 곧 사회 전체의 존엄을 비추는 거울이 됩니다.

두 번째 사명은 책임을 협력으로 전환하는 태도입니다. 책임이 분산되는 구조를 숙명으로만 볼 수는 없습니다. 각 주체가 자율적 책임을 실천하고 역할의 경계를 투명하게 조율할 때, 분산된 책임은 대립이 아니라 협력과 연대로 이어질 수 있습니다. 책임을 함께 나누고 짊어질 때 건설산업은 협력 기반의 산업으로 자리할 수 있습니다.

세 번째 사명은 부패를 투명성으로 승화하는 가치입니다. 부패의 그림자는 오랜 숙명처럼 따라왔지만, 그것을 끊어내려는 선택은 언제나 가능합니다. 투명성과 청렴을 제도에 담고 문화로 내면화할 때, 산업은 부패의 한계를 넘어 윤리적 품격을 회복할 수 있습니다.

네 번째 사명은 불확실성을 혁신의 원동력으로 바꾸는 일입니다. 예측 불가능성은 두려움이 아니라 창조적 실험의 기회입니다. 디지털 전환, OSC[Off-Site Construction], 스마트 건설은 모두 불확실성에 대한 응답에서 비롯되었습니다. 불확실성의 숙명을 혁신의 사명으로 끌어올리는 순간, 건설산업은 위기를 넘어 미래를 여는 가능성을 얻게 됩니다.

다섯 번째 사명은 공공성을 사회적 신뢰 자산으로 전환하는 일입니다. 사회의 감시와 비판은 짐이 아니라 신뢰를 쌓을 기회입니다. 공공성의 요구를 부담이 아닌 사회적 자산 축적의 계기로 삼을 때, 건설산업은 비판의 대상에서 신뢰의 기둥으로 자리합니다. 공공성을 떠받드는 사명은 곧 산업의 존재 가치를 높이는 길을 보여 줍니다.

건설산업의 운명: 숙명에서 사명으로

건설산업은 숙명을 피할 수 없습니다. 위험과 책임, 부패의 그림자와 불확실성, 그리고 사회적 감시는 산업이 태생적으로 지닌 조건입니다. 그러나 이 숙명을 단순히 체념으로 받아들인다면 산업은 쇠퇴의 길을 걸을 수밖에 없습니다. 반대로 같은 조건을 사명으로 끌어올린다면, 건설산업은 인간의 존엄을 지키고 협력과 연대를 이루며, 미래를 열어 가는 주체로 자리할 수 있습니다. 숙명을 바라보는 태도 하나가 산업의 방향을 바꾸고, 건설의 존재 방식을 새롭게 정의하게 됩니다.

운명은 누구에게나 주어지지만, 그것을 어떻게 해석하고 살아내느냐는 각자의 선택에 달려 있습니다. 건설산업의 운명 또한 다르지 않습니다. 숙명을 사명으로 전환하기 위해서는 단순히 제도와 장치를 마련하는 것만으로는 부족합니다. 변화는 규제나 기술이 아니라 인식의 전환에서 비롯됩니다. 그 전환을 떠받칠 더 근본적 동력이 필요합니다. 존엄을 향한 인식, 협력을 기반으로 하는 건설생산, 문화를 바꾸는 투명성, 혁신을 여는 상상력, 공공성을 수용하는 태도가 그것입니다. 이 다섯 가지 힘이 모일 때, 건설산업은 숙명을 짐으로만 지는 산업이 아니라, 사회와 문명을 지탱하며 새로운 의미를 창조하는 산업으로 거듭날 수 있습니다.

이러한 동력을 확보하기 위해서는 사유의 높이가 달라져야 합니다. 눈앞의 조건을 단순히 한계로만 보는 사고에서 멈추지 않고,

그 안에 담긴 가능성을 포착해 더 넓은 서사로 전환해야 합니다. 제약 속에서도 방향을 세우는 상상력, 현실을 넘어서 의미를 창조하려는 사유가 필요합니다. 조건을 제약으로만 읽을 것인지, 아니면 그 속에서 가능성을 발견할 것인지는 사고의 깊이에 달려 있습니다. 사유의 높이가 달라질 때, 숙명은 더 이상 짐이 아니라 사명으로 바뀌는 길을 드러냅니다.

건설산업은 피할 수 없는 숙명을 짊어졌지만, 그 숙명을 어떻게 끌어올려 사명으로 바꿀 것인가를 끊임없이 물어야 합니다. 운명의 높이를 사명으로 세우는 순간, 건설은 단순히 구조물을 세우는 산업을 넘어 인간의 삶과 사회, 문명을 이끄는 주체로 자리할 수 있습니다. 이러한 성찰의 과정을 거치며 건설산업은 스스로의 존재 방식을 한 단계 끌어올려, 숙명의 산업에서 사명의 산업으로 품격을 높여 나가게 됩니다. 결국, 숙명은 끝이 아니라 시작이며, 사유와 실천이 만날 때 비로소 운명은 새로운 사명으로 다시 태어납니다.

건설산업의 운명을 성찰하는 다섯 개의 거울

거울 앞에 선 건설산업

우리는 흔히 자신을 스스로 바라본다고 믿지만, 실제로는 마음 속에 놓인 거울에 보고 싶은 모습만을 선택해 비추고는 합니다. 그러나 진정한 성찰은 외면하고 싶은 진실을 마주할 때 시작됩니다. 그래서 역사 속에서 거울은 단순한 도구를 넘어, 자신을 직시하고 성찰하게 하는 상징이 되어 왔습니다.

독일 철학자 프리드리히 니체는 저작 곳곳에서 '거울' 은유를 활용하며 자기 성찰의 문제를 탐구했습니다. 그에게 거울은 단순한 반영이 아니라, 우리가 외면해 온 진실을 드러내는 사유의 장치로 기능할 수 있다는 통찰을 담고 있습니다. 결국 거울은 자기기만self-deception을 깨뜨리고, 존재의 근원을 직시하게 만드는 물음으로 다가옵니다.

건설산업이 마주해야 할 거울은 단순한 상징이나 추상적 비유가 아닙니다. 그것은 산업이 당면한 현실의 문제와 앞으로 어떤 태도로 나갈지를 드러내는 실제적 거울입니다. 이 거울은 존재, 책임, 인간, 공존, 시대라는 다섯 가지 모습으로 구체화 됩니다.

왜 하필 이 다섯 개일까요? 건설산업의 위기가 반복될 때마다 드러나는 균열의 지점을 따라가 보면, 결국 이 다섯 개의 차원에 이르게 됩니다. 존재의 물음은 산업의 필요성과 본질을 묻고, 책임의 물음은 윤리와 신뢰를 어떻게 세울 것인지를 드러냅니다. 인간의 물음은 산업을 이루는 노동자의 존엄뿐만 아니라 건설의 성과를 직접 경험하는 국민 모두를 어떻게 존중하고 연결할 것인지를 성찰하게 합니다. 공존의 물음은 다층적인 관계 속에서 서로를 어떻게 잇고 함께 살아갈 것인가를 되묻습니다. 마지막으로 시대의 물음은 건설산업이 어떤 정신을 품어야 사회와 호흡하며 미래와 연결될 수 있는지를 비추어 줍니다.

따라서 이 다섯 개의 거울은 우연히 선택된 항목이 아니라, 건설산업이 과거를 돌아보고 미래를 열기 위해 반드시 마주해야 할 질문입니다. 그것들은 산업의 균열을 드러내는 동시에, 새로운 가능성을 여는 성찰의 틀이 됩니다.

존재의 거울: 왜 존재하는가?

존재의 거울은 건설산업이 스스로에게 던져야 할 근본적 질문을 비춥니다. "건설산업은 왜 존재하는가?" 이 물음은 단순히 경제적 비중이나 통계로 답할 수 없습니다. 건설산업은 GDP 기여와 일자리 창출을 설명할 수 있지만, 그 이상의 의미를 밝히지 못한다면 언제든 기능적 활동으로 축소될 수 있습니다. 존재의 거울은 건설을 단순한 업業이 아니라 공동체의 삶을 지탱하는 토대이자 미래 세대를 위한 기반으로 바라보게 합니다.

존재 이유를 분명히 하지 못하는 산업은 사회적 정당성과 신뢰를 잃습니다. 반대로 존재 이유를 명확히 한 산업은 위기 속에서도 흔들리지 않고, 오히려 공동체의 신뢰와 자원을 다시 모읍니다. 건설산업이 “왜 존재하는가?”라는 물음에 공동체적이고 미래지향적인 답을 내놓을 때, 그것이 곧 새로운 운명을 설계하는 출발점이 됩니다.

그렇다면 앞으로 어떤 높이에서 이 거울을 바라보아야 할까요? 지금까지의 사유가 경제적 효율, 성장 기여와 같은 수치에 머물렀다면, 이제는 인간의 존엄과 안전, 세대와 공동체를 잇는 책임의 차원으로 확장되어야 합니다. 존재의 사유가 경제적 언어에서 공동체적 언어로 옮겨질 때, 건설산업은 자기 존재의 정당성을 확보하게 됩니다.

존재의 거울은 또한 위기를 극복하는 길을 보여줍니다. 시장 침체나 수익성 악화 같은 지표 뒤에는 “왜 존재하는가?”라는 물음을 외면한 결과가 숨어 있습니다. 존재의 본질을 성찰하는 산업은 위기를 단순한 경영 문제가 아니라, 존재를 재정립할 계기로 바꿉니다. “건설산업은 단지 이익을 추구하는가, 아니면 공동체의 기반을 세우는가?”라는 질문은 위기를 바라보는 관점을 근본적으로 바꾸어 줍니다.

미래를 설계하는 일도 여기에서 출발합니다. 건설이 단순히 건물을 짓는 활동에 머문다면 미래 역시 좁은 전망에 갇히겠지만, 존재를 더 높은 차원에서 사유한다면 안전과 존엄, 지속가능성과 공동체라는 넓은 지평을 열 수 있습니다. 존재의 거울은 건설을 세대를 잇는 다리이자 공동체의 집을 짓는 산업으로 재정의하도록 요구합니다.

결국 존재의 거울은 건설산업이 어떤 길을 걸을 것인가를 결정하는 출발점입니다. 단순한 업으로 남을 것인가, 아니면 공동체적 의미를 회복하며 문명을 세우는 기반 산업으로 거듭날 것인가. 이 물음에 대한 응답이, 곧 산업의 운명을 결정합니다. 그리고 그 응답은 숫자와 효율의 언어를 넘어, 인간과 공동체, 세대와 시대의 언어로 건설의 존재를 다시 사유할 때 비로소 가능해집니다.

책임의 거울: 어떤 태도로 존재할 것인가?

책임의 거울은 건설산업이 어떤 윤리와 태도로 서 있는지를 비추는 장치입니다. 그동안 건설 현장에서 사고가 발생할 때마다 책임은 여러 주체 사이에 분산됐습니다. 안전사고뿐만 아니라 부실공사 역시 예외가 아니었습니다.

사고가 날 때마다 건설산업은 제도와 발주 관행, 불합리한 계약 등 구조적 문제를 지적해 왔습니다. 물론 이러한 구조적 원인은 반드시 개선되어야 할 과제입니다. 그러나 이 지적이 내부 성찰을 동반하지 않는다면, 결국 책임을 외부로 돌리는 변명으로 비칠 수밖에 없습니다. 구조적 원인을 짚는 것은 정당하지만, 자기반성과 변화가 빠진 주장은 단순한 책임 떠넘기기에 머물게 됩니다.

이러한 책임의 공백을 메우기 위해 외부 규제가 강화되었지만, 강제된 규범은 신뢰를 대신할 수 없었습니다. 규제에만 의존하는 산업은 늘 외부의 시선에 끌려다니며, 스스로의 존재 이유를 증명하지 못합니다. 안전사고와 부실공사가 반복되는 이유도 결국 같은 뿌리, 곧 책임을 내면화하지 못한 태도에 있습니다.

책임의 거울은 묻습니다. "건설산업은 계속 외부 규제에 떠밀려 갈 것인가, 아니면 스스로 책임을 내면화하며 신뢰를 쌓을 것인가?" 자율적 책임은 단순히 법을 어기지 않는 소극적 태도가 아닙니다. 공동체의 안전과 인간의 존엄을 먼저 고려하고, 부실을 막기 위해 더 높은 기준을 세우는 적극적 태도입니다. 법은 최소한의 기준을 정할 뿐이지만, 자율적 책임은 더 높은 사유의 차원에서 미래의 신뢰를 설계하는 행위입니다.

책임은 단순한 부담이 아니라 공동체와 미래에 대한 약속입니다. 단기적으로는 비용처럼 보이지만 장기적으로는 신뢰라는 자본을 축적하는 길입니다. 안전과 품질을 지켜내는 산업은 위기 앞에서도 설 수 있고, 외부의 강제가 사라져도 흔들리지 않습니다. 반대로 책임을 회피하면 사고와 부실이 반복되고 규제와 불신의 악순환 속에 자신을 스스로 소모합니다.

결국 책임의 거울은 건설산업의 운명을 가르는 물음입니다. "순간의 회피 속에서 안도를 찾을 것인가, 아니면 무거운 짐을 짊어지더라도 신뢰를 축적하며 미래를 열 것인가?" 안전과 품질을 지켜내는 길은 무겁지만, 바로 그 길만이 건설산업의 존엄과 미래를 증명합니다. 책임의 거울 앞에서 대답이 산업의 운명을 결정합니다.

인간의 거울: 인간을 존중하는 산업인가?

인간의 거울은 건설산업이 사람을 어떤 시선으로 바라보아 왔는지를 비춥니다. 오랫동안 작업자는 비용의 일부로 환원되는 경우가 많았고, 존엄은 효율이라는 이름 뒤로 때때로 가려지곤 했습니다. 그러나 건설은 본질적으로 사람이 지어가는 일입니다. 작업자의 존엄이 존중되지 않는 건설은 결국 산업 스스로의 토대를 약화시키는 것과 다르지 않습니다. 사람을 단순한 비용이 아닌 고유한 존재로 바라볼 때만 건설은 비로소 제 본모습을 드러낼 수 있습니다.

그러나 인간의 거울은 여기에서 멈추지 않습니다. 건설은 작업자를 넘어 국민 전체와 이어집니다. 아파트, 지하철, 도로와 같은 공간과 시설은 단순한 물리적 구조물이 아닙니다. 아파트는 국민의 생활을 담는 그릇이고, 지하철은 도시의 이동을 가능하게 하며, 도로는 사람과 지역을 연결하는 통로입니다. 이처럼 건설산업은 국민의 일상과 활동 전반을 지탱하며, 그 삶의 질과 안전, 나아가 사회적 신뢰까지 좌우하는 중요한 역할을 맡고 있습니다. 따라서 건설산업은 국민을 단순한 사용자로만 보아서는 안 되며, 사용자인 동시에 함께 살아가는 공동체의 일원으로 존중해야 합니다.

이러한 맥락에서 인간의 거울은 다시 묻습니다. "건설산업은 국민의 안전과 편의를 충분히 고려하고 있는가? 건설물은 단순한 상품이 아니라 국민의 삶을 지탱하는 터전이라는 사실을 잊고 있지 않은가?" 국민은 건설산업의 성과를 가장 직접적으로 경험하는 존재이기에, 이들의 신뢰 없이는 산업 또한 존립할 수 없습니다.

이제 시선을 다시 인간 전체로 돌려야 합니다. 건설산업이 존중해야 할 인간은 특정한 집단에 국한되지 않습니다. 현장에서 일하는 작업자와 건설물을 사용하는 모든 국민이 건설의 주체이자 수혜자이며, 이 둘을 함께 존중하는 태도 속에서 비로소 건설의 본래 목적이 드러납니다. 건설은 사람을 위한 것이며, 인간을 배제한 건설은 근본적으로 모순입니다. 사람을 비용이나 도구로 환원하는 순간

산업은 신뢰를 잃고 쇠퇴하지만, 사람을 위해 존재한다는 목적을 회복할 때 건설산업은 존엄과 신뢰 위에 미래를 열 수 있습니다.

결국 인간의 거울은 다시 묻습니다. “우리의 산업은 누구를 위한 것입니까? 작업자를 위한 것입니까, 국민을 위한 것입니까, 아니면 그 모두를 포함한 인간 자체를 위한 것입니까?” 이 질문에 대한 대답이 건설산업의 품격과 운명을 결정합니다. 그리고 그 답변은 산업이 단순히 생존할 수 있는가의 문제를 넘어, 어떤 사회를 세우고 어떤 인간성을 지켜낼 것인가라는 더 큰 물음을 남깁니다.

공존의 거울: 어떻게 함께할 것인가?

공존의 거울은 건설산업이 수많은 주체와 맺는 관계 속에서 신뢰를 어떻게 세우고 유지하는지를 비춥니다. 발주자, 설계자, 종합건설사, 전문건설사, 하도급자, 자재와 장비 공급자, 사용자까지 얽혀 있는 관계망은 건설산업의 본질적 특징입니다. 그러나 이 관계망은 프로젝트 단위의 일회성 구조라는 점에서 독특합니다. 매번 새로운 주체들이 모이고 흩어지기에 장기간의 신뢰가 축적되기 어렵습니다. 계약과 제도가 그 빈틈을 메우려 하지만, 불신이 문화처럼 자리 잡으면 협력은 쉽게 무너지고 갈등과 비용은 늘어납니다. 결국 건설산업은 관계망 자체가 곧 성패를 좌우하는 구조 속에 놓여 있습니다.

공존의 거울은 묻습니다. “건설산업은 불신을 관계의 기반으로 할 것인가, 아니면 신뢰를 공존의 기반으로 삼을 것인가?” 불신은 계약 강화를 통해 해소되는 듯 보이지만, 결국 협력을 약화시킵니다. 반대로 신뢰는 계약을 넘어서는 힘을 발휘하여, 이해관계의 경계를 뛰어넘는 협력과 공동체적 연대를 가능하게 합니다. 신뢰가 깔려 있을 때 계약은 최소한의 안전망으로만 작동하며, 관계는 더 높은 차원에서 움직입니다.

이 거울은 건설산업이 마주해야 할 불편한 진실을 드러냅니다. 불신은 당장 이익을 지켜주는 듯하지만 결국 산업 전체를 취약하게 만듭니다. 단기적 방어막으로서의 불신은 산업의 장기적 생존력을 갉아먹습니다. 반면 신뢰는 다층적 관계망을 단순한 집합이 아니라 살아 있는 공동체로 바꾸어 줍니다. 건설이 단순한 산업을 넘어 사회적 기반으로 기능하기 위해서는 반드시 신뢰를 공존의 원리로 세워야 합니다. 신뢰는 건설이 사회 전체와 맺는 관계에서도 동일하게 작동하며, 그것이 산업의 존엄과 지속성을 보장합니다.

공존의 거울은 건설산업에 분명한 선택을 요구합니다. 불신의 계약 구조에 머물 것인가, 아니면 신뢰를 기반으로 협력의 문화를 세울 것인가. 이 선택이 산업의 미래를 결정할 것입니다. "우리는 불신을 비용으로 삼아 서로를 소모할 것입니까, 아니면 신뢰를 자본으로 삼아 함께 살아가는 길을 열 것입니까?" 결국 공존의 거울은 산업이 단기적 이익에 머물 것인지, 아니면 신뢰라는 더 큰 자산 위에 미래를 설계할 것인지를 묻고 있습니다.

시대의 거울: 어떤 정신을 품을 것인가?

시대의 거울은 건설산업이 어떤 시대정신과 호흡하는지를 비춥니다. 산업화의 시기에는 성장과 속도가 시대정신이었고, 민주화 이후에는 공공성과 참여가 강조되었습니다. 오늘날은 지속가능성, 투명성, 안전, 존엄이 핵심 가치로 자리 잡고 있습니다. 그러나 건설산업은 여전히 과거의 성장 논리에 머물러 있으며, 성과와 규모 중심의 사고에서 완전히 벗어나지 못하고 있습니다. 사회와 호흡하지 못하는 산업은 결국 정당성을 잃고, 신뢰의 기반이 무너진 채 고립될 수밖에 없습니다. 시대정신을 외면한 산업은 살아남을 수 없다는 사실이 여기서 드러납니다.

이 거울은 묻습니다. “건설산업은 과거에 안주할 것인가, 아니면 새로운 시대정신을 품어 사회와 함께 미래를 열어 갈 것인가?” 시대정신은 단순한 유행이나 구호가 아니라, 한 사회가 공유하는 방향이자 공동체가 합의한 가치의 총체입니다. 그것은 특정 세대의 목소리에 머무르지 않고, 시대를 관통하는 집단적 의지로 작동합니다. 따라서 시대정신과 불협화음을 내는 산업은, 곧 사회의 지지를 잃고 쇠퇴하지만, 그것을 내면화한 산업은 사회적 정당성을 얻으며 새로운 신뢰의 토대를 쌓습니다. 결국 시대정신과의 조율은 선택의 문제가 아니라, 산업이 존립하기 위한 필수 조건입니다.

따라서 시대의 거울은 단순한 적응을 넘어 능동적 수용을 요구합니다. 지속가능성과 투명성, 안전과 존엄이 산업의 중심에 놓일 때 건설은 공동체의 신뢰를 얻고, 미래 세대에 튼튼한 기반을 남길 수 있습니다. 과거의 성장 패러다임은 여전히 매력적인 유산처럼 보이지만, 그것에 안주하는 순간 산업은 도태됩니다. 성장은 여전히 필요하지만, 더 이상 목적일 수는 없습니다. 이제 성장은 공동체적 가치와 결합될 때만 의미를 지니며, 산업의 존재 이유를 뒷받침하는 수단으로 작동합니다. 반대로 새로운 시대정신을 품는 일은 단순한 혁신을 넘어, 건설산업의 존재 이유를 다시 세우고 시대와 함께 나아가는 용기를 보여주는 행위입니다.

시대의 거울은 결국 건설산업에 마지막으로 이렇게 되묻습니다. "과거의 유산에 머물며 안락을 택할 것입니까, 아니면 새로운 시대정신을 품고 사회와 함께 미래를 열어 갈 용기를 낼 것입니까?" 우리의 응답에 따라 건설산업의 품격과 운명, 그리고 사회와 맺는 관계의 방식이 달라질 것입니다. 건설산업이 선택하는 정신은 단순한 전략이 아니라, 존재 이유와 미래의 길을 결정하는 근본적 선택입니다. 그리고 이 선택이야말로 건설이 단순한 산업을 넘어 문명을 지탱하는 토대가 될 수 있는지를 가르는 경계가 될 것입니다.

건설인문학의 마지막 질문들

다섯 개의 거울은 단순한 은유가 아니라 태도이며, 동시에 건설산업의 운명을 비추는 물음입니다. 존재는 이유를, 책임은 기준을, 인간은 방향을, 공존은 방식을, 시대는 호흡을 묻습니다. 이 질문들은 흩어져 있는 듯 보이지만, 결국 하나의 흐름 속에서 서로를 비추며 연결됩니다. 거울은 개별 사안이 아니라 건설산업 전체를 관통하는 시선으로 직면하게 합니다. 그리고 이 다섯 갈래의 물음은 서로를 보완하며, 산업이 나아갈 길을 비추는 거대한 지도의 축을 형성합니다.

거울은 답을 주지 않습니다. 다만 숨겨온 얼굴을 정직하게 드러냅니다. 그 앞에서 변명으로 시간을 벌 수도 있고, 결단으로 새로운 길을 열 수도 있습니다. 운명을 바꾸는 힘은 거울에 있지 않고, 그것을 마주하는 눈길과 태도에 있습니다. 진정한 성찰은 불편함을 외면하지 않을 때 시작되며, 그때부터 미래는 다른 빛을 품기 시작함니다. 거울을 정직하게 바라보는 용기야말로 산업의 운명을 가르는 분수령이 됩니다.

건설은 구조물을 세우는 기술을 넘어 공동의 삶을 지탱하는 약속입니다. 약속은 신뢰를 자본으로 삼고 존엄을 중심에 놓을 때 힘을 얻습니다. 또한, 그 약속은 혼자가 아니라 함께 이어질 때 현실이 됩니다. 그래서 공존의 문화는 건설의 조건이 아니라 본질이며, 이 모든 것은 시대가 요구하는 정신과 맞닿을 때만 지속됩니다. 다섯 개의 거울이 가리키는 방향은 결국 하나의 물음으로 모입니다. "왜 존재하며, 어떤 기준으로 세우고, 누구를 존중하며, 누구와 함께하고, 어떤 정신으로 이어갈 것인가?" 이 물음은 산업의 정체성뿐만 아니라, 건설이 사회 속에서 어떤 역할을 맡고 있는지를 다시 묻게 합니다.

이 책은 완성된 설계도를 내어주지 않습니다. 대신 사유와 성찰의 거울을 건넵니다. 그 거울을 어떻게 마주하고, 어떻게 닦아 들고, 어떤 시선으로 응시할지는 전적으로 각자의 몫입니다. 거울을 정직하게 바라보는 순간, 건설은 단순한 산업을 넘어 문명의 언어가 됩니다. 그 언어는 인간의 삶을 잇고, 세대의 시간을 지키며, 아직 오지 않은 미래를 위한 터전을 마련합니다.

그 과정에서 직업은 생업을 넘어 사명으로 변모합니다. 성찰의 거울을 외면할 때 산업은 길을 잃지만, 그것을 붙드는 순간 건설은 자신을 스스로 넘어 공동체의 미래를 떠받치는 힘이 됩니다.

이제 마지막 질문들이 남습니다.

"거울 앞에 선 건설산업은 과거의 관성에 머물 것입니까?"

"아니면 신뢰와 존엄, 공존과 시대정신을 품고 새로운 길을 선택할 것입니까?"

"그리고 그 길 위에서 건설은 어떤 얼굴로 인류의 내일을 비추게 될 것입니까?"

빛을 잃은 거울은 아무것도 남기지 않지만, 빛을 품은 거울은 길을 열어줍니다. 건설이 어떤 빛을 품을지는 아직 정해지지 않았습니다. 그 답은 거울을 마주한 지금, 이 순간부터 쓰이기 시작하며, 아직 비어 있는 건설산업의 미래 책장은 우리의 시선과 선택에 따라 문명을 지탱하고 미래를 밝히는 이야기로 채워질 수 있습니다.

운명을 선택하는 사유, 윤리와 신뢰의 길 위에서

운명은 주어지는 것이 아니라 선택과 성찰로 만들어집니다. 건설산업이 걸어온 길은 시대의 욕망과 함께했지만, 그 길에는 신뢰의 상처와 윤리의 결핍도 남아 있습니다. 한때는 성장의 상징이었지만, 이제는 사회의 신뢰를 회복해야 하는 과제 앞에 서 있습니다. 생존의 논리를 넘어 스스로의 존재 이유와 사회적 역할을 다시 묻는 일, 그것이 산업이 운명을 새롭게 설계하는 첫걸음입니다.

시대정신은 이미 변했습니다. 성장과 속도의 시대에서 지속가능성과 존엄의 시대로 옮겨왔습니다. 건설산업이 이 변화에 응답하지 못한다면 정당성은 더 이상 유지되기 어렵습니다. 윤리와 신뢰, 공존의 가치가 건설의 미래를 결정짓는 힘이 되었습니다. 산업의 본질이 성과에서 책임으로, 경쟁에서 협력으로 이동하지 않는다면 그 운명은 닫힌 길 위에 머물 것입니다. 변화한 시대정신은 건설에 새로운 언어를 요구합니다. 그것은 기술이 아닌 태도의 언어, 이익이 아닌 존중의 언어, 효율이 아닌 신뢰의 언어입니다.

운명을 사유한다는 것은 산업의 한계를 직시하고, 그 안에서 다시 길을 세우는 일입니다. 위기를 단순한 생존의 문제가 아니라 존재를 재정립하는 계기로 삼을 때 산업은 다시 일어설 수 있습니다. 건설이 문명의 기반으로 남기 위해서는 존중과 책임, 신뢰의 언어를 회복해야 합니다. 산업이 품어야 할 윤리는 인간을 향한 태도이며, 신뢰는 제도보다 오래가는 약속입니다. 윤리가 내면화된 산업만이 존엄을 지킬 수 있고, 신뢰를 얻은 산업만이 미래를 설계할 수 있습니다. 이러한 성찰의 거울을 통해 산업은 자신이 무엇을 잃었고 어디로 나아가야 하는지를 비추어 볼 수 있습니다.

산업이 자신을 스스로 성찰할 때 건설은 단순한 업이 아니라 사회의 품격을 지탱하는 힘이 됩니다. 건설은 인간의 손끝에서 완성되지만, 그 의미는 사회의 기억 속에서 완성됩니다. 따라서 건설의 미래는 기술의 혁신이 아니라 가치의 회복에 달려 있습니다. 인간의 존엄을 지키는 안전, 세대를 잇는 책임, 사회를 하나로 묶는 신뢰가 건설의 새로운 기반이 되어야 합니다.

이제 여정은 끝이 아니라 새로운 시작입니다. 건설이 스스로의 운명을 선택하는 그 순간, 인류의 미래 또한 다시 지어질 것입니다. 짓는 행위는 단지 공간과 구조물을 세우는 일이 아니라, 시대의 정신과 공동체의 가치를 새기는 일입니다. 건설이 어떤 정신으로 세워지는가에 따라 사회의 품격이 달라지고 문명의 지속가능성이 결정됩니다.

윤리와 신뢰는 건설의 종착점이 아니라 새로운 출발점입니다. 이 두 가치를 품는 순간 건설은 산업을 넘어 문화가 되고, 기술을 넘어 인간의 언어가 됩니다. 이것이 건설인문학이 남기는 마지막 질문이자, 앞으로의 모든 시작을 비추는 빛입니다

에필로그

사유가 남긴 자리에서

건설을 인문의 언어로 다시 읽으려는 이 작업은 해답을 정리하는 과정이라기보다, 오래된 질문을 다시 세우는 여정이었습니다. 일상의 풍경 속에서 너무도 자연스럽게 스며들어 있던 건설은, 막상 들여다보면 인간과 사회의 깊은 층위를 비추는 거울과도 같았습니다. 거대한 구조물의 그림자 뒤에는 언어, 문화, 가치, 존재에 대한 흔적이 조용히 자리하고 있었고, 이 책은 그 흔적을 따라 한 걸음씩 더 깊숙이 들어가 보고자 했습니다. 건설을 다시 읽는다는 것은 단지 낯선 시도를 넘어, 인간이 어떤 세계에 살고자 하는지 그 본질을 되묻는 일과 맞닿아 있었습니다.

건설산업을 움직이는 제도와 규범, 관행의 층위는 여전히 견고하게 작동하고 있습니다. 하지만 그 견고함은 때로는 문제를 반복시키고, 변화의 속도를 늦추며, 책임의 방향을 흐리게 하기도 합니다. 제도가 정교해질수록 그 뒤편에서 '왜'라는 질문이 사라지고, 기술이 정밀해질수록 그 기술이 향해야 할 인간적 기준이 희미해지는 경우도 적지 않습니다. 이 책은 바로 그 지점에서 멈추어, 건설을 움직이는 더 깊은 원천을 바라보려 했습니다. 아무리 제도를 손질하고 기술을 업그레이드해도 쉽게 넘지 못하는 벽이 있다는 사실은 우리에게 한 가지를 다시 일깨워 줍니다. 그 벽을 넘는 단서는 기술이나 제도에만 있지 않다는 것입니다.

모든 건설의 중심에는 언제나 '짓는 존재'로서의 인간, '호모 컨스트럭투스'가 있습니다. 짓는 존재로서의 인간은 단순히 구조물을 세우는 기술자가 아니라, 사회의 형태를 만들고 미래의 방향을 제시하는 문화적·문명적 주체입니다. 건설의 문제는 기술적 부족이나 규범의 결함 때문만이 아니라, 짓는 존재가 어떤 시선으로 세계를 바라보고 어떤 사유의 높이에서 선택하는가에 달려 있습니다. 이 책의 여정은 그 질문을 따라 다섯 개의 길을 걸어왔으며, 각각의 길은 건설을 둘러싼 다양한 층위의 의미를 다시 세우는 과정이기도 했습니다.

건설을 읽는 새로운 언어를 찾는 길, 짓기의 본질을 되짚는 길, 산업의 내면을 들여다보는 길, 변화의 흐름을 응시하는 길, 그리고 건설산업의 운명을 사유하는 길. 서로 다른 길이었으나 결국 한 방향을 가리키고 있었습니다. 즉, 건설은 기술이나 제도의 대상이기 전에 인간의 삶을 만들고 사회의 조건을 빚어내는 행위라는 점입니다. 그래서 "건설은 무엇을 향해야 하는가?"라는 질문은 산업적 목표를 묻는 것이 아니라, 인간이 어떤 세계를 꿈꾸며 그 꿈을 어떤 기반 위에 세우려 하는가를 묻는 말이기도 했습니다.

이 질문의 답은 아직 완성되지 않았습니다. 미완의 구조물이 시간이 지나며 형태를 갖추듯, 답 역시 시대의 요구와 사회의 사유 속에서 서서히 모습을 드러낼 것입니다. 중요한 것은 완결된 결론이 아니라, 그 결론에 도달하도록 이끄는 사유의 높이입니다. 사유의 높이가 달라지면 선택이 달라지고, 선택이 달라지면 건설의 미래도 달라집니다. 변화는 언제나 질문이 바뀌는 지점에서부터 시작됩니다. 그리고 그 질문은 언제나 인간이 세계를 대하는 태도에서 비롯됩니다.

건설을 다시 바라본다는 것은 산업의 필요를 넘어 인간과 사회의 삶을 성찰하는 일입니다. 우리는 종종 건설을 경제와 기술의 문제로만 다루지만, 건설은 결국 인간이 살아갈 공간을 형성하고 사회적 관계의 무대를 마련하며 미래의 터전을 설계하는 행위입니다. 공간은 인간의 삶을 담는 그릇이자, 사회가 어떤 가치를 중심에 두고 있는지를 드러내는 문화적 텍스트입니다. 따라서 건설을 사유한다는 것은, 곧 더 나은 사회의 조건을 숙고하는 일과 이어집니다. 건설은 삶의 형태를 빚어내는 행위이며, 삶은 언제나 어떤 사유 위에 세워지기 때문입니다. 인문의 언어로 건설을 읽어내자는 제안은 결국 인간과 사회를 다시 바라보자는 요청이기도 했습니다.

이 책이 독자에게 남기고자 한 것은 정답이 아니라 시선의 전환이었습니다. 세계를 보는 눈이 달라질 때, 같은 사물도 다른 깊이를 드러냅니다. 건설 또한 마찬가지입니다. 그 시선이 조금 더 멀리, 조금 더 깊이 닿는다면 건설의 지평 또한 새로운 모습을 드러낼 것입니다. 건설산업이 자신에 대해 스스로 묻고, 사회가 건설을 다시 읽는다면, 산업 내부에 사유의 깊이와 사회적 인식의 폭은 함께 확장될 것입니다. 이제 이 여정은 독자에게로 이어집니다. 책이 던진 질문은 독자의 사유 속에서 다시 자라나고, 다양한 경험과 목소리를 만나며 새로운 형태로 변주될 것입니다. 어쩌면 독자가 던질 다음 질문이, 이 책이 미처 바라보지 못한 새로운 문을 열어줄지도 모릅니다.

앞으로의 건설은 기술과 제도만으로 완성되지 않을 것입니다. 무엇을 짓느냐보다 어떤 마음과 어떤 세계관 위에서 짓느냐가 더 중요해질 것입니다. 더 높은 사유의 자리에서 출발한 건설은 단순한 구조물이 아니라, 미래의 삶을 더 넓고 더 단단하게 지탱하는 가능성이 될 것입니다. 건설은 다시 인간의 언어로, 사회의 언어로, 삶의 언어로 읽혀야 합니다. 그럴 때 건설은 단순한 산업의 산물이 아니라, 더 나은 문명을 향한 집단적 의지의 표현이 될 것입니다.

이 책이 마지막으로 바라는 것은 단순하고도 절실합니다. 건설을 둘러싸고 있는 오래된 익숙함의 막을 잠시 걷어내고, 더 먼 곳을 바라볼 수 있는 새로운 시선이 독자의 마음속에 자리 잡는 것입니다. 낯섦을 통해 익숙함을 다시 보고, 익숙함을 넘어 더 깊은 질문을 향해 나아갈 수 있는 힘을 얻기를 바랍니다. 그 사유의 힘이 미래의 건설을, 그리고 미래의 인간과 사회를 더 나은 방향으로 이끌어 갈 것이라고 믿습니다.

사유의 여정은 이제 독자에게로 건네졌습니다. 그 길 위에서 건설은 다시 살아 움직이며, 건설산업의 새로운 가능성을 조용히 밝혀줄 것입니다.